AF344026

PETIT

GUIDE MANUEL

DU

JARDINIER-FLEURISTE.

PETIT
GUIDE MANUEL

DU

JARDINIER-FLEURISTE,

OU

L'ART DE CULTIVER LES FLEURS,

Par RAGONOT-GODEFROY,

Jardinier-fleuriste, membre de la Société d'horticulture,
auteur du Traité des œillets, et de la Nouvelle classification
applicable à toutes les variétés de fleurs.

PARIS.

P.-J. GAYET, ÉDITEUR,

QUAI DES ORFÈVRES, 56;

Chez l'AUTEUR, aux Champs-Élysées, avenue Marbœuf, 9.

1842

PARIS. — IMPRIMERIE DE RIGNOUX,
rue des Francs-Bourgeois-St-Michel, 8.

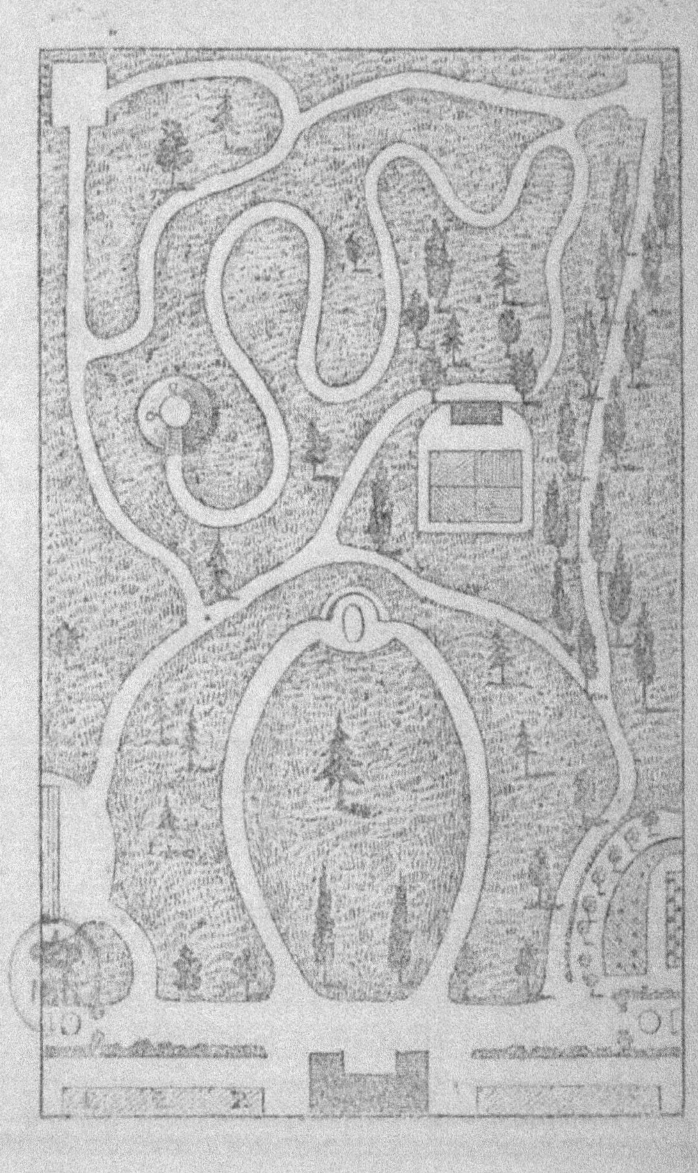

PETIT
GUIDE MANUEL

DU

JARDINIER-FLEURISTE,

OU

L'ART DE CULTIVER LES FLEURS,

Par RAGONOT-GODEFROY,

Jardinier-fleuriste, membre de la Société d'horticulture,
auteur du Traité des œillets, et de la Nouvelle classification
applicable à toutes les variétés de fleurs.

PARIS.

P.-J. GAYET, ÉDITEUR,

QUAI DES ORFÈVRES, 56;

Chez l'AUTEUR, aux Champs-Élysées, avenue Marbœuf, 9.

1842

La science et l'agrément, ayant uni rarement leurs trésors, ont jusqu'ici présidé d'une manière trop exclusive à la formation de nos jardins. Les uns, par leurs collections savantes, ne peuvent offrir d'intérêt réel qu'aux botanistes; les autres, destinés à alimenter nos marchés, se bornent à la culture des plantes à effet, et ne peuvent satisfaire que l'exigence et le caprice des acheteurs habituels.

Mais en dehors de ce monde, placé, on pourrait dire, aux deux bouts de l'échelle de la science et du caprice, il se trouve un public de goût, une classe d'amateurs, que ces deux sortes de jardins ne sauraient satisfaire. L'aspect de la science effraye dans les uns; dans les autres, l'insuffisance laisse trop à désirer. De là, la nécessité évidente d'un perfectionnement.

Il manquait donc un jardin qui renfermât les richesses des deux autres sans en avoir les inconvénients, et un ouvrage où la science sans prétention et un goût épuré par l'expérience réunissent tout ce que le règne végétal peut offrir d'intéressant, soit par l'éclat, la floraison constante, le parfum, l'aspect pittoresque, soit par toute autre propriété remarquable, sans que la culture en fût pour cela plus difficile, ou exigeât plus de soins et de précautions que les gens du monde n'en peuvent d'ordinaire consacrer aux fleurs.

Cette heureuse combinaison, sollicitée depuis longtemps par le vœu des amateurs, je crois être parvenu à la réaliser dans ce petit livre. Sans doute il ne flattera ni la prétention des savants, ni l'engouement de la nouveauté; mais il offrira aux amateurs le précieux avantage d'une jouissance immédiate, sans leur faire perdre un temps plus ou moins long à des essais et des mécomptes successifs pour arriver, par leurs propres tâtonnements, au résultat qu'ils trouveront ici complétement atteint.

Pour rendre cet ouvrage plus facile dans son application, nous avons classé les Plantes dans l'ordre alphabétique, et nous avons surtout insisté sur les époques de semis, de plantation, à l'article de chaque plante. Nous avons préféré tomber dans ce petit inconvénient que dans celui, beaucoup plus grave, de laisser nos lecteurs dans l'hésitation.

Heureux si les encouragements viennent applaudir à notre œuvre modeste, et concourir ainsi à répandre dans notre pays le goût de l'horticulture, en ajoutant à son amour pour les arts et la science un progrès qui lui manquait, et dont nos voisins ont semblé destinés jusqu'à ce jour à recueillir seuls tous les avantages! Nous publierons, à la suite de ce volume, un petit *Traité du Verger et du Potager*, rédigé dans les mêmes idées.

RAGONOT-GODEFROY.

PREMIÈRE PARTIE.

***

PRINCIPES GÉNÉRAUX.

DE L'EXPOSITION.

Rarement on est le maître de choisir l'exposition d'un jardin, surtout dans les villes et au milieu des villages, parce que le plus souvent elle est déterminée par l'emplacement qu'occupent les bâtiments. Cependant, de quelque manière que soit placé un jardin, on peut toujours en tirer partie, pour peu qu'il ne soit pas entièrement encaissé par des murs très-hauts, et qu'il y ait de l'air et de la lumière. Le soleil n'y parût-il que deux heures par jour, c'en est assez pour y faire croître un grand nombre de belles plantes et même de légumes, pourvu qu'on sache faire un choix judicieux. Or, pour faciliter ce choix, nous aurons le soin, dans le cours de cet ouvrage, d'enseigner, à l'article des plantes, arbres ou arbustes, quelle est l'exposition qui convient le mieux à chaque espèce, s'il lui faut une exposition fraîche ou chaude, ombragée ou au soleil, etc.

Il y a autant d'expositions franches qu'il y a de points cardinaux, c'est-à-dire celle du nord, celle du midi, celle du couchant et celle du levant. On peut encore, en horticulture, apprécier l'effet, sur la végétation, de quatre autres expositions que

j'appellerai mixtes : celle du nord-est, celle du
nord-ouest, celle du sud-est et celle du sud-ouest.

L'exposition du nord est la plus froide et la
moins avantageuse, parce que le soleil ne la frappe
que le matin et le soir pendant les plus grands
jours, et pas du tout pendant l'hiver. Aussi ne peut-
on guère y placer que des plantes alpines, et quelques arbres fruitiers, tels que pruniers, cerisiers
et poiriers. Néanmoins, nous ferons remarquer que
de certains arbres des pays chauds, tels, par exemple, que le laurier, gèlent plus facilement à l'exposition du midi qu'à celle du nord. Cela vient de ce
que les pâles rayons du soleil d'hiver ont encore
assez de force, au midi, pour dégeler la terre pendant le jour ; elle se gèle de nouveau pendant la
nuit, et cette alternative de gelée et dégel souvent
répétée, fait beaucoup plus de mal aux plantes, aux
arbres surtout, que la continuité sans interruption
du froid le plus intense. L'écorce du collet de la
tige, sans cesse serrée, tiraillée par la terre que le
froid contracte et que la chaleur dilate, exposée
sans cesse aux alternatives de l'humidité et de la
sécheresse, finit par se décoller, pourrir et entraîner la perte de l'arbre. Or, ceci n'arrive pas à l'exposition du nord, parce que la gelée s'y soutient
le jour comme la nuit.

La plus mauvaise exposition après celle du
nord est celle du nord-ouest. Le soleil ne la frappe
que le soir, et la nuit vient de suite absorber la chaleur qu'il lui a communiquée ; outre cela, à Paris
et dans le plus grand nombre de nos départements,
les vents d'ouest sont presque toujours chargés

d'humidité, et souvent ils amènent la pluie, la grêle et les frimas. Cependant on peut utiliser cette exposition en y plantant tous les arbres fruitiers, excepté le pêcher. Leurs fruits seront moins bons, plus tardifs, mais cependant ils y réussiront.

L'exposition du levant est fort bonne, parce que, recevant les rayons du soleil dès le matin, la chaleur qu'ils lui communiquent se conserve pendant plus longtemps et fait sentir ses effets jusqu'au soir. Toutes les plantes du potager et les espaliers de tous les arbres fruitiers y réussissent parfaitement.

L'exposition du midi est la meilleure de toutes. Elle convient fort bien à tous les arbres fruitiers, mais principalement aux pêchers, aux abricotiers, aux figuiers, et à la vigne.

Nous n'entrerons pas dans des détails sur les expositions mixtes, parce que l'on concevra sans peine qu'elles participent aux défauts et aux qualités des deux expositions franches : c'est-à-dire, par exemple, que celle du nord-est sera meilleure que celle du nord et moins que celle de l'est ou levant, etc. Nous ferons cependant remarquer que, pour la culture des arbres fruitiers et des légumes, un jardin qui aurait ses quatre murs aux quatre expositions mixtes, serait le plus avantageux. Il est vrai qu'il n'aurait pas l'exposition du midi, mais il n'aurait pas non plus celle du nord. Les quatre murs recevraient les rayons du soleil pendant toute l'année et pourraient être garnis de bons espaliers.

Nous n'avons pas besoin de dire qu'un jardin en

pente a une exposition générale excellente quand la pente regarde le midi, très-mauvaise quand elle regarde le nord. Quand le terrain est horizontal, il a autant d'expositions qu'il y a de murs qui l'abritent. Quelquefois une montagne, un groupe de bâtiments, peuvent déterminer l'exposition d'un jardin, soit en l'abritant des vents du nord, soit en l'y exposant. Une forêt, quoi qu'on en dise, est toujours un très-mauvais abri, parce qu'elle amène les brouillards, les gelées blanches, l'humidité, et, ce qui n'est pas sans conséquence, les chenilles.

DU TERRAIN.

Après une bonne exposition, ce qui est le plus indispensable pour faire un jardin, c'est un bon terrain. Les horticulteurs reconnaissent trois principales sortes de bonnes terres, savoir : la *terre forte*, la *terre franche*, et la *terre légère*. Certains auteurs d'ouvrages de jardinage s'évertuent à donner, avec la plus parfaite inutilité pour leurs lecteurs, les moyens chimiques que les savants emploient pour reconnaître la bonne terre d'avec la mauvaise. Quant à nous, nous nous bornerons à dire que l'on reconnaîtra toujours avec beaucoup plus de facilité et de certitude la qualité d'un sol quelconque, en observant la végétation des plantes qui s'y trouvent, fût-ce de mauvaises herbes. Ensuite, la qualité du terrain n'est pas aussi importante dans un jardin qu'on pourrait bien le croire, et cela pour deux raisons : la première, c'est que le principe essentiel en horticulture est de forcer la terre à produire constamment et sans interruption, ce qui épuise rapidement le sol quelque bon qu'il soit; la seconde est que, dans tous les cas, il faut une masse d'engrais indispensable à la plus grande partie des cultures, et ces engrais changent en peu de temps la nature du terrain, soit qu'il ait été bon ou mauvais.

La *terre forte* est celle qui est très-compacte, grasse, alumineuse pour l'ordinaire, dans la composition de laquelle domine l'argile. L'eau la pénètre avec difficulté, mais aussi elle retient longtemps l'humidité; elle est sujette à se battre par la pluie, à se fendre en séchant, et à se laisser difficilement percer par les racines des plantes. Mais les végétaux assez robustes pour y croître y prennent un grand développement, et ordinairement elle est assez fertile. On peut l'alléger en y mélant une bonne quantité de vieux terreau usé, ou tout simplement du sable.

La *terre franche* est la meilleure de toutes, soit en mélange, soit seule, pour le plus grand nombre des cultures. Elle est plus ou moins forte ou légère, selon que l'argile ou le sable y domine. Si elle contient une forte quantité de carbonate de chaux, elle prend alors le nom de terre calcaire. On va ordinairement la prendre à la surface de vieilles prairies, quand on en a besoin pour faire des composts ou terres composées.

La *terre légère* résulte de détritus de végétaux en mélange avec une plus ou moins grande quantité de sable siliceux ou calcaire. Quand l'humus y domine, elle conserve son nom de terre légère; si au contraire le sable y est en très-grande quantité, on l'appelle *terre sablonneuse*.

Il y a encore quelques autres terres, simples ou composées, que le jardinier doit connaître; ce sont:

La *terre de bruyère*, qui n'est rien autre chose qu'un mélange de sable très-fin, avec des détritus de rameaux, feuilles et racines de bruyères. Elle ne convient qu'aux plantes alpines très-délicates, et dont les racines, munies d'un faible chevelu, auraient de la peine à percer une terre un peu compacte. Depuis une trentaine d'années on en a beaucoup abusé, et le plus grand nombre des végétaux qu'on y cultive pourraient fort bien s'en passer. Il y a plus, beaucoup n'en végéteraient que mieux. On va la chercher dans les bois où croissent beaucoup de bruyères.

Le *terreau* est le dernier produit de la décomposition des matières végétales et animales. Quand il est entièrement décomposé, il a très-peu de fertilité, et il ne convient que pour donner de la légèreté à la terre et l'empêcher de se battre par la pluie. A demi ou aux trois quarts décomposé, le terreau est très-fertile, non-seulement parce qu'il contient beaucoup de sucs nutritifs, mais encore parce qu'il reçoit bien les eaux des arrosements, et qu'il conserve assez longtemps son humidité. En mélange avec des terres pures, il augmente leur fertilité, soit en les rendant plus poreuses et plus capables d'absorber les fluides atmosphériques, soit en se combinant avec elles et formant de nouveaux composés solubles. Les terreaux ont plus ou moins d'action sur la végétation, selon leur nature. Ceux entièrement composés de matières animales sont toujours les plus actifs; ceux composés d'excréments d'hommes ou d'animaux, comme la poudrette, par exemple, sont les plus énergiques; mais on prétend qu'ils peuvent communiquer aux légumes une odeur désagréable. Ceux des détritus végétaux ont moins d'action, mais elle paraît durer plus longtemps.

DES TERRES COMPOSÉES.

Terre de bruyère factice. Dans beaucoup de localités, la terre de bruyère devient tellement rare que bientôt il faudra probablement s'en passer. Quelques horticulteurs, prévoyant cet inconvénient, ont essayé à l'avance de la remplacer par divers mélanges, et voici celui qui nous a paru atteindre le plus complétement le but. On va le long des chemins, des haies et des murs de clôture, enlever des galettes minces de gazon, que l'on entasse et laisse se réduire en terreau pendant un an; au bout de ce temps, on mêle cette terre avec un tiers de terreau de feuilles consommé, et un tiers de sable très-fin, soit de rivière, soit d'une sablonnière découverte; on mélange parfaitement le tout, et on laisse reposer en tas jusqu'au moment de s'en servir. Les plantes alpines les plus délicates réussissent parfaitement dans ce compost, et y poussent même plus vigoureusement que dans de la terre de bruyère pure.

Terre à orangers. Autrefois on faisait entrer dans la composition de cette terre une foule de matières dont les progrès de l'horticulture ont fait reconnaître l'inutilité. Aujourd'hui voici comment on opère. On prend une bonne terre franche, et on la mélange à un tiers de terreau de fumier de cheval à moitié consommé, et à un autre tiers de terreau, c'est-à-dire ces trois matières à parties égales; ou bien encore, on lève des galettes de gazon dans un bon pré de terre franche et substantielle; on les met en tas pour laisser au gazon le temps de se décomposer, et on y ajoute un tiers ou un quart de terre de bruyère pour rendre la terre plus légère. Enfin, il suffit, pour avoir une bonne terre à oranger, qu'elle soit très-fertile et pas trop forte.

DES ENGRAIS.

La physiologie végétale et la chimie ont démontré que les plantes se nourrissent, en bonne partie, de matière organique en décomposition, et, en moindre proportion, de matière minérale et de gaz. Il en résulte nécessairement que les engrais composés de détritus animaux et végétaux sont les plus énergiques, et que les engrais minéraux purs, tels que la marne, par exemple, ayant peu d'activité, doivent être rejetés de l'horticulture, quoique souvent très-utiles en agriculture. Lorsque les engrais sont entièrement décomposés, ils ont perdu, avec leurs parties solubles dans l'eau, une grande partie de leur énergie. D'une autre part, si on emploie chauds les engrais d'animaux, c'est-à-dire avant qu'ils aient commencé à se décomposer, ils brûlent les plantes et souvent les font périr. Les engrais végétaux, avant le moment de leur décomposition, n'ont aucune action. Il résulte donc que les engrais les meilleurs, surtout pour les plantes d'agrément, sont ceux qui sont à demi ou aux trois quarts décomposés. Les engrais totalement décomposés ont perdu toutes leurs parties constitutives capables de se dissoudre dans l'eau, et comme on sait que l'eau est le véhicule qui porte la nourriture dans le corps végétal, ces engrais ne peuvent plus fournir de sucs nutritifs aux plantes. Ils ne peuvent plus convenir que comme amendement, c'est-à-dire pour rendre plus légères et moins compactes les terres fortes et tenaces. Ce que nous venons de dire fait voir aussi que, lorsqu'on prépare des engrais, il ne faut pas les laisser exposer à la pluie, ni les arroser jusqu'à les laver, afin de ne pas entraîner leurs sels solubles. Pour cela, on les mettra en tas sous un hangar, et on les mouillera modérément afin de hâter leur fermentation. Il y a plusieurs sortes d'engrais que nous allons énumérer.

Le *fumier*. Ordinairement on nomme ainsi un mélange de paille ou autre litière, imprégné des excréments et de l'urine des animaux. Il a sur les autres engrais l'avantage de se décomposer assez vite et de pouvoir être employé promptement. Il a une grande énergie sur la végétation, mais ses effets ne durent pas aussi longtemps que ceux de certains autres engrais. Il brûle certainement les racines des plantes si on l'emploie frais, c'est-à-dire sortant de l'écurie. Celui d'âne, de mulet, de cheval, et de moutons, est très-chaud; il convient par conséquent aux terres froides, humides et compactes. Celui de vaches et de bœufs vaut mieux pour les terres sèches et légères.

La *colombine*, ou excréments de pigeons, est encore plus chaude que le fumier. Il convient de l'étendre en assez petite quantité, et quelque temps avant de labourer, sur des terres froides ou humides. On la fait aussi entrer dans la composition de la terre à orangers, où nous la croyons parfaitement inutile. Les excréments de poules et de lapins ont, mais à un degré un peu moins énergique, les mêmes propriétés que la colombine.

La *poudrette*, si énergique et si utilement employée dans la grande culture, ne convient point au jardinage, si ce n'est, quelquefois, pour la faire entrer en très-petite quantité dans la composition des terres à orangers.

Le *noir animalisé*, composé par M. Payen, formé de substances animales et de charbon ; l'*urate*, combinaison d'urine et de plâtre, ne sont guère employés qu'en agriculture.

Le *terreau de feuilles*, résultant de débris de couches chaudes, est un fort bon engrais pour les plantes délicates ou alpines, quoiqu'il ait peu d'activité. En compensation, ses effets se font longtemps sentir.

Les *détritus végétaux* de toutes les sortes forment des engrais plus ou moins actifs, et qui conservent longtemps leur puissance.

Enfin les *boues* de rue, composées d'une partie de terre et de détritus animaux et végétaux résultant de balayures des maisons, constituent un excellent engrais, après avoir reposé en tas pendant un an. Leur effet est assez puissant, et il se fait sentir pendant fort longtemps.

Tous les engrais doivent être préparés à l'avance, si on veut s'en servir avec avantage en jardinage. On peut les mélanger entre eux, les combiner, selon les effets qu'on veut en obtenir. Dans tous les cas, on en fait, comme nous l'avons dit, des tas que l'on dépose sous des hangars bien aérés, ou du moins dans des fosses pavées de manière à ne pas permettre aux eaux pluviales d'entraîner les sucs nutritifs du fumier. On peut, pour hâter la décomposition, les remuer de temps à autre à la fourche. Cette précaution est d'ailleurs indispensable quand on a mis plusieurs espèces d'engrais en mélange.

DES AMENDEMENTS.

Lorsqu'une terre est trop compacte, qu'elle retient les eaux de pluie, qu'elle forme croûte et oppose de la résistance à la levée des graines, on dit qu'elle est *forte*. On la rend légère, en la mélant avec du terreau usé ou du sable, et ces matières prennent alors le nom d'*amendement*. Si la terre tenace est trop fraîche, on ajoute à l'amendement une certaine quantité d'engrais chauds; si, au contraire, elle est trop chaude, ce qui est plus rare, on y mêle une certaine quantité d'engrais froids, tels que fumier de vache ou de cochon. Les terres de couleur blanche sont ordinairement froides; au contraire, plus elles sont noires plus elles sont chaudes. Celles qui sont humides sont également froides, et *vice versa*.

On amende les terres légères, c'est-à-dire celles qui manquent de corps et sont sablonneuses au point de laisser échapper trop promptement les eaux de pluie et d'arrosement, en les mêlant avec une certaine quantité de terre forte et argileuse, à laquelle on mélange une quantité convenable de fumier de vache, car ces sortes de sols sont ordinairment secs et chauds.

On connaît encore d'autres amendements, tels que les platras écrasés et en poudre, les cendres, la chaux, la marne, etc.; mais on ne les emploie que rarement dans la petite culture.

DE L'ASSAINISSEMENT DES TERRES.

On nomme vulgairement *terres malsaines* celles où l'humidité est constante, croupissante, et rend la végétation impossible ou languissante. L'humidité stagnante d'un terrain résulte quelquefois de ce que la couche de terre végétale repose sur un fond d'argile compacte qui ne permet pas aux eaux de pluie de s'y infiltrer et de s'y perdre. Dans ce cas, il est quelquefois nécessaire de creuser de distance en distance des puisards assez profonds pour percer en entier le lit d'argile. On ouvre ensuite plusieurs rigoles se rendant à ces puisards, on en remplit le fond d'un pied d'épaisseur de pierrailles, et l'on recouvre avec la terre végétale. Quand l'humidité d'un terrain est causée par de l'eau qui s'y épanche faute de trouver un écoulement facile, il est souvent aisé de l'assainir en creusant de petits canaux dans lesquels les eaux trouvent leur écoulement naturel.

DE L'EAU ET DES ARROSEMENTS.

L'eau la plus pure est constamment la meilleure pour les arrosements; aussi tous les cultivateurs donnent-ils la préférence à l'eau de pluie, et ont-ils grand soin de la recueillir, lorsqu'elle tombe des gouttières, soit dans des tonneaux, soit dans des mares destinées à la contenir.

Les eaux de rivière sont aussi fort bonnes quand elles ne contiennent pas de sélénite, et c'est le plus ordinaire.

Les eaux stagnantes des grandes mares et des étangs sont préférables à celles de rivière, parce qu'elles sont moins froides.

Les eaux de fontaine et celles de puits ont le défaut d'être trop froides, et ne doivent servir aux arrosements qu'après avoir séjourné au moins deux ou trois jours au soleil et à l'air libre dans des tonneaux et des baquets. Il arrive quelquefois qu'elles contiennent de la sélénite, ce qui se reconnaît à ce qu'elles ne dissolvent pas le savon, et aux légumes qui ont beaucoup de peine à y cuire. Dans ce cas, elles sont très-mauvaises pour les arrosements, et souvent même elles font périr les plantes délicates.

Les *arrosements composés* activent considérablement la végétation, et conviennent particulièrement aux plantes malades; mais il faut en user modérément. On prépare l'eau dans une fosse ou un tonneau, en y mélangeant un quart (en volume) de fumier sortant de l'écurie, avec tous les crottins. On laisse le tout macérer pendant quinze jours ou un mois au plus, puis on soutire l'eau que l'on verse dans un autre tonneau pour s'en servir au besoin. On peut remplir le tonneau au fumier d'une nouvelle eau, et ainsi de suite jusqu'à ce que tous les sucs du fumier soient consommés. Il est essentiel, pendant les quinze jours de fermentation, d'agiter souvent le mélange. Nous avons remarqué que la quantité de fumier indiquée ici est parfaitement suffisante pour fournir des arrosements très-énergiques. Cependant quelques jardiniers remplissent la futaille de fumier à moitié ou aux deux tiers avant d'y jeter l'eau; d'autres y ajoutent une petite quantité de poudrette, de colombine et de rapure de corne. Cette eau convient parfaitement aux orangers malades, ainsi qu'à beaucoup de plantes, mais il faut ne leur en donner qu'en petite quantité et de loin en loin, sous peine de les voir périr. Il en est de cet arrosement comme de certains remèdes violents employés par les médecins : à petite dose, ils sauvent la vie de leurs malades; à haute dose, ils les tuent.

Quant aux arrosements ordinaires, il est un principe que l'on ne doit jamais perdre de vue, c'est de les diriger de manière à ne jamais refroidir la terre, autant que possible, et à la maintenir dans une humidité légère et constante, sans la noyer ni la battre. Voici comment on pourra mettre en pratique cette petite théorie.

L'été, surtout pendant les grandes chaleurs, on arrosera le soir, parce que la fraîcheur des nuits maintiendra l'humidité de la terre pendant longtemps. Si au contraire on arrosait le matin, les rayons d'un soleil brulant et la chaleur du jour auraient bientôt absorbé l'humidité, et les plantes souffriraient de la sécheresse pendant vingt heures sur vingt-quatre. Le mieux serait d'arroser le matin et le soir en donnant peu d'eau chaque fois, mais ceci n'est guère possible quand on possède une grande quantité de plantes. Dans tout autre mois que ceux de juin, juillet et août, les nuits sont fraîches et il vaut mieux arroser le matin que le soir ; pendant le jour la terre arrosée par l'eau a le temps de se ré-chauffer, et le froid de la nuit a moins d'action sur elle. Dans tous les cas, il est indispensable de ne pas battre la surface de la terre et de l'empêcher de for-mer une croûte qui empêcherait les influences sa-lutaires de l'atmosphère de pénétrer dans son sein. Pour cela, il faut faire tomber l'eau en forme de pluie fine au moyen d'une pomme d'arrosoir percée de trous très-petits, ou, si l'on se sert de l'arrosoir à goulot, on aura le soin de verser l'eau de moins haut possible. Il faudra constamment avoir le soin de ne pas mouiller les feuilles des plantes délicates, parce que le soleil manque rarement de les brûler si ses rayons frappent sur les gouttes d'eau qui res-tent sur le feuillage, et que, d'autre part, les bour-geons qui retiennent de l'eau dans leur cœur pour-rissent fort souvent. Cependant, pendant les grandes chaleurs de l'été, l'air atmosphérique étant presque totalement privé des vapeurs aqueuses qui aug-mentent son élasticité et le rendent si favorable à la végétation, il sera bon d'arroser de temps en temps le feuillage des plantes, en se servant de la pomme d'arrosoir, qui aura des trous extrêmement fins, pour imiter une pluie très-fine. Cette opération a encore pour but de laver le feuillage et d'entraîner la poussière et autres ordures qui auraient pu s'attacher dessus. Pour éviter aux plantes des coups de soleil, on n'arrosera ainsi que le soir, et, pendant la nuit, les feuilles auront le temps de se ressuyer.

Pour empêcher la terre de se battre, surtout sur les semis de graines fines, rien n'est mieux que de *pailler*. Cette opération consiste à couvrir la surface du semis, depuis trois lignes d'épaisseur jusqu'à un pouce, selon les circonstances, d'un lit de paille ou de mousse hachée plus ou moins fin. Cette couverture a encore l'avantage de maintenir la surface de la terre dans une douce humidité indispensable à la germination, et de permettre aux tigelles et aux cotylédons des jeunes plantes de percer aisément la couche de terre qui les couvre.

Dans les serres il est indispensable d'arroser les plantes pendant l'hiver, et c'est toujours de dix heures du matin à midi qu'on doit le faire ; mais il faut que ces arrosements soient très-ménagés et ne donner de l'eau aux plantes que lorsqu'elles en ont indispensablement besoin, car sans cela l'humidité s'emparerait bientôt de la serre et ferait pourrir les plantes les plus délicates. On emploiera pour arroser de l'eau pure, et qui aura séjourné dans la serre au moins vingt-quatre heures, afin qu'elle ait eu le temps de se mettre en équilibre avec la température du lieu.

Si, comme nous l'avons dit, trop d'arrosements nuisent aux plantes, à plus forte raison des pluies longtemps soutenues leur sont très-contraires. Dans ce cas il sera bon de les en garantir si cela est possible. Pour les plantes en pots le moyen est bien simple : il ne s'agit que de coucher les vases sur la terre.

DES LABOURS.

Il est de principe que plus une terre est *meuble*, c'est-à-dire divisée, plus elle est favorable à la végétation. Les labours ont pour but principal d'ameublir la terre.

Quand on forme un jardin, il est indispensable d'en défoncer le sol, c'est-à-dire de l'ameublir à la plus grande profondeur possible, afin que les racines, celles des arbres surtout, puissent s'y étendre, s'y enfoncer, et aller chercher leur nourriture à la profondeur qui convient à chaque espèce. Plus un défonçage est profond, meilleur il est; mais pour éviter des frais qui ne seraient pas compensés par le produit, on se borne le plus ordinairement à défoncer le sol de deux à trois pieds. Cependant, il est de certaines circonstances où le défonçage serait plus nuisible qu'utile : c'est quand la couche végétale est mince et qu'elle repose sur un fond de tuf, d'argile, ou de toute autre nature de terrain stérile. Dans ce cas le défonçage ne doit pas pénétrer plus bas que la terre végétale.

Voici comment on opère un défonçage. On commence, sur toute la longueur du jardin, à une de ses extrémités, une tranchée ou fosse de deux ou trois pieds de largeur sur une profondeur convenable. On porte la terre de cette tranchée à l'extrémité opposée du jardin, parce qu'elle servira à

2.

combler la dernière fosse que l'on ouvrira. On ouvre une seconde tranchée dont on jette la terre dans la première, une troisième dont on jette la terre dans la seconde, et ainsi de suite jusqu'à ce que tout le jardin ait été retourné.

Ces *labours* ordinaires se font à la bêche, rarement à la pioche, à moins que ce ne soit dans les pépinières et autres grandes cultures. La fourche convient mieux pour labourer autour des arbres, parce qu'on craint moins de couper leurs racines. Pour opérer avec la bêche, on commence à ouvrir une tranchée large de deux fers de bêche, et l'on emporte la terre dans l'endroit où l'on finira, afin de combler la dernière tranchée; alors on continue à labourer en reculant et jetant la terre dans la tranchée précédente en retournant la bêche, de manière que ce qui formait la surface du sol se trouve jeté au fond de la tranchée et le dessous remis dessus. On divise la terre le mieux possible, on égalise parfaitement la surface, et, à mesure que l'on fait ce travail, on a grand soin d'ôter les pierres, d'enlever les mauvaises herbes ou au moins de les enterrer de manière à ce qu'elles ne puissent pas repousser. Si l'on fume le terrain en labourant, il faut avoir l'attention de n'enterrer le fumier qu'à trois pouces de profondeur. Le labour général d'un jardin se fait ordinairement en automne ou pendant l'hiver lorsqu'il ne gèle pas, et l'on peut même le repousser sans un grand inconvénient jusqu'en février ou mars. Du reste, chaque fois qu'un carré ou une plate-bande se trouve vide, il est indispensable de donner un bon labour avant de le semer ou planter. On unit la surface en y passant le rateau.

Les *binages* se font avec la binette ; ils servent à débarrasser le sol des mauvaises herbes et à ameublir sa surface à une certaine profondeur, pour permettre aux eaux des arrosements et aux influences atmosphériques de pénétrer jusque sur les racines des plantes. Il est bon d'en donner plusieurs par an, mais deux sont indispensables.

Les *serfouages* se font avec la serfouette, fig. 2. On les renouvelle le plus souvent possible, et ils n'ont pas d'autre but que les binages.

DES COUCHES.

On nomme ainsi un lit de fumier, ou autre matière susceptible de donner de la chaleur par la fermentation, destiné à recevoir des semis hâtifs ou à préserver les plantes du froid, concurremment avec les cloches, les châssis ou les bâches et serres.

Nous distinguerons trois sortes de couches : 1° la *couche chaude* ; 2° la *couche tiède* ; 3° la *couche tempérée*.

1° La *couche chaude* sert à faire, dès les mois de février et d'avril, des semis de plantes dont on veut hâter la floraison pour en jouir avant la saison ordinaire, pour avancer les tubercules de dahlias, et pour donner de la chaleur pendant l'hiver aux plantes de serres chaudes et tempérées. Il y en a de deux sortes, savoir : les couches à air libre, et les couches renfermées, qui assez souvent prennent le nom de *tannée*.

La couche à l'air libre se fait ordinairement avec du fumier de cheval, d'âne ou de mulet, au moment où il sort de l'écurie. On l'adosse, s'il est possible, contre un mur à l'exposition du midi, ou au moins on l'abrite du vent du nord au moyen de paillassons placés debout; il faut que le sol sur lequel on l'élève soit très-sec, et s'il en était autrement, on l'assainirait au moyen d'un lit de pierraille ou de fagotage. La longueur de la couche est indéterminée, mais elle doit être d'autant plus large et plus épaisse qu'on veut qu'elle donne plus de chaleur et qu'elle la conserve plus longtemps. Néanmoins sa largeur est communément de trois à quatre pieds et son épaisseur de deux à trois. Il est essentiel que le fumier en soit extrêmement tassé avec les pieds, afin qu'elle s'affaisse le moins possible par la fermentation. Il faut aussi replier en dedans la longue litière de ses bords, afin que ceux-ci soient propres, unis autant que faire se peut, et perpendiculaires; du reste, ce que nous venons de dire s'applique à toutes les sortes de couches. Lorsqu'elle est *montée*, c'est-à-dire construite, on l'arrose pour hâter la fermentation.

Si l'on doit abriter les plantes avec des coffres de châssis, on les place de suite, et on les remplit de six à huit pouces de terreau pur ou mélangé, selon le besoin. Si l'on doit ne se servir que de cloches, on étend le terreau sur toute la surface de la couche.

2° La *couche tiède* ne diffère de la chaude que parce qu'étant montée avec du fumier à demi décomposé, résultant des couches chaudes démolies, elle donne moins de chaleur. On fait aussi des couches tièdes avec des fumiers neufs de cheval, de vache, en mélange avec des feuilles sèches. Si elles donnent moins de chaleur, en récompense elles durent beaucoup plus longtemps. On nomme *couches sourdes* l'une et l'autre des précédentes, quand on les a établies dans des fosses creusées pour recevoir le fumier.

Les couches que l'on établit dans les serres chaudes et dans les bâches, ne devant recevoir que des plantes en vases, au lieu d'être chargées avec du terreau, le sont avec du tan de chêne retiré des fosses des tanneurs et séché. Il augmente beaucoup la chaleur de la couche qui, dans ce cas, prend le nom de *tannée*. Nous n'avons pas besoin de dire que, dans les serres, les couches doivent être retenues et bordées par des planches.

Pendant l'hiver, c'est-à-dire depuis décembre jusqu'en avril, les couches en plein air auraient bien vite perdu une partie de leur chaleur si l'on ne prenait des précautions pour les en empêcher. Pour cela on se sert de *réchauds* de fumier neuf sortant de l'écurie : ils consistent en une bordure de dix-huit pouces d'épaisseur, et de toute la hauteur de la couche, qui l'entoure de tous les côtés et qui lui communique une nouvelle chaleur. Les réchauds doivent être remaniés tous les quinze jours au plus tard, et chaque fois qu'on fait cette opération on y ajoute moitié de fumier neuf.

3° La *couche tempérée* ne doit donner que très-peu de chaleur au-dessus du degré de température où se trouve l'atmosphère de la bâche où elle se trouve bâtie. Elle sert à la culture des ixia, des glayeuls, des plantes alpines très-délicates, qui, sans exiger beaucoup de chaleur, périraient cependant en pleine terre plutôt par les variations de température de nos hivers que par la rigueur du froid,

La couche tempérée se fait entièrement en terre de bruyère, dans une bâche impénétrable à la gelée, ou sous un châssis. Elle est ordinairement enterrée, et son fond repose sur un lit de pierraille si l'on a l'humidité à craindre. On passe la terre de bruyère à la claie, et l'on commence le premier lit avec ses résidus les plus grossiers; on étend dessus un lit des tiges et racines à moitié décomposées qu'on en a retirées, puis on met la terre la plus pure et la plus fine en dessus. La couche doit être plus ou moins épaisse, selon les plants que l'on doit y cultiver: quinze pouces suffisent pour les ixia, dix-huit pour les plantes vivaces non ligneuses, et deux pieds pour les arbrisseaux tels que bruyères, protea, etc.

Nous n'avons pas besoin d'ajouter que toutes ces plantes y sont ordinairement placées à racines libres, comme en pleine terre, et que très-rarement on leur donne des vases particuliers.

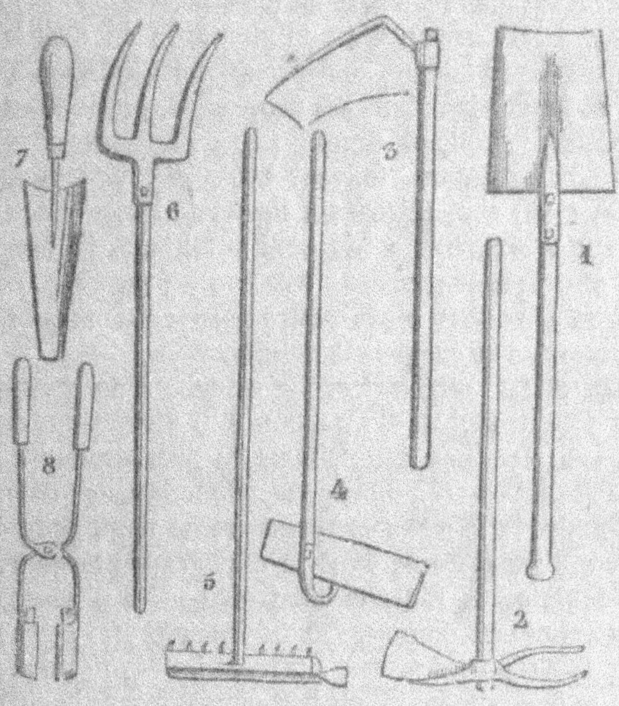

DES OUTILS DE JARDINAGE.

Le nombre des instruments d'horticulture est aujourd'hui très-considérable, grâce aux innovations
le plus ordinairement inutiles des fabricants et de
quelques amateurs. Mais il n'en est pas moins vrai
que l'on peut fort bien tout exécuter avec ceux que
nous allons décrire et que nous figurons ici; la
preuve de ceci est que les cultivateurs marchands
de Paris n'en emploient pas d'autres dans leurs éta-

blissements, et cependant on sait qu'ils exécutent les cultures les plus variées et les plus difficiles.

Fig. 1. La *bêche*. C'est le plus utile de tous les instruments de labour, et son emploi est indispensable. Sa lame varie dans ses proportions; néanmoins les bêches les mieux faites, selon l'estimation des meilleurs jardiniers, doivent avoir dix pouces de hauteur sur sept pouces six lignes de largeur dans le haut et six dans le bas vers le taillant. La lame doit être très-légèrement concave au devant. Le manche a de deux pieds quatre pouces à deux pieds six pouces, non compris la douille.

Fig. 2. La *serfouette*. Le manche a de quatre pieds à quatre pieds six pouces. Les dimensions de sa lame varient beaucoup, mais le plus ordinairement elle a de neuf à onze pouces de longueur totale, c'est-à-dire la fourche comprise, et de deux pouces et demi à trois pouces dans sa plus grande largeur. Les dents de la fourche ont trois pouces d'écartement vers leurs pointes. Cet instrument sert, dans toute la France, à sarcler à travers les plantes délicates et rapprochées; il est très-employé dans la culture des jardins. Quelquefois sa lame est ovale, d'autres fois triangulaire, ou en fer de lance, et l'on attaque la terre avec la pointe allongée du triangle, etc.

Fig. 3. La *pioche*. Elle sert à biner les grandes cultures, les vignes, les arbres, etc. etc. Son manche a vingt-six pouces de longueur; il est droit, quelquefois légèrement recourbé vers son extrémité, et dans ce cas on lui donne trente-deux pouces de longueur. La lame forme avec le manche un angle assez aigu; elle est arquée, et peut avoir jusqu'à treize pouces de longueur au sommet, et six pouces vers le taillant. Le plus souvent elle est moins grande, et ordinairement ses proportions sont en raison de la force de la personne qui s'en sert.

La *binette* n'est rien autre chose qu'une pioche dont le manche est beaucoup plus allongé et la lame beaucoup plus petite, formant avec le manche un angle plus ouvert. On en a dans toutes les proportions, et l'on s'en sert pour biner entre les plantes robustes et espacées. La *binette à fourche* en est une modification dont la lame, au lieu d'être pleine, se compose de deux longues dents formant la fourche. On l'emploie pour biner les plantes dont les racines traînant entre deux terres pourraient être coupées par la binette ordinaire.

Fig. 4. La *ratissoire* se compose d'une lame acérée au tranchant, ayant un pied de longueur sur deux pouces six lignes de largeur. Elle peut être forgée d'une seule pièce avec sa douille, ou y être attachée au moyen de deux clous rivés. Son manche a quatre pieds de longueur. On s'en sert en tirant à soi et marchant à reculons pour ratisser et nettoyer des allées d'un jardin. On emploie quelquefois une *ratissoire à pousser* dont la lame est disposée de manière à obliger ceux qui s'en servent à pousser l'instrument devant soi au lieu de tirer à soi. Quoique d'un bon usage, cette ratissoire est néanmoins beaucoup moins commode que la précédente. La *ratissoire à roue* est un véritable joujou, qui n'a aucune supériorité sur les deux précédentes, surtout sur la première, et de plus elle est aussi fatigante qu'embarrassante. La *ratissoire à cheval et à chariot* n'est utile que dans les très-grands jardins, où les allées, larges de plusieurs toises, occupent un grand espace de terrain.

Fig. 5. Le *rateau*. On s'en sert principalement à nettoyer les plates-bandes et carrés nouvellement labourés des herbes, pierrailles et mottes de terre trop dures pour être ameublies ; enfin il a, en jardinage, les mêmes fonctions que la herse dans les grandes cultures, pour unir et ameublir la surface d'un labour, recouvrir les semences, etc. On en fait dans toutes les dimensions, depuis quatre pouces de largeur jusqu'à dix-huit ou vingt, à dents espacées depuis six lignes jusqu'à trois pouces, de dix huit lignes à trois pouces de longueur, mais toujours en fer. Quand on se sert de cet instrument pour ratisser les allées de jardin, on y adapte, au côté gauche de la traverse, une petite lame de houlette, de l'invention de M. Camuset. Cette lame est large de deux pouces et longue de trois non compris sa douille : elle sert à couper sur leurs racines les petites touffes d'herbes qui auraient échappé à la ratissoire.

Fig. 6. La *fourche* ou *trident*. On l'emploie beaucoup pour remuer les fumiers, pour labourer dans les terres fortes ou pierreuses, et pour arracher les récoltes qui consistent en racines. Ses proportions varient en raison de l'usage auquel on la destine. Pour les labours, les dents ont ordinairement onze pouces de longueur, et leur écartement est de trois pouces à trois pouces six lignes.

Fig. 7. La *houlette* ou *transplantoir en gouge*

est fort utile pour lever les plantes délicates en motte et assurer leur reprise en les transplantant ailleurs. Elle varie beaucoup dans ses dimensions, mais ordinairement sa lame a huit à neuf pouces de longueur au sommet, et dix-huit lignes à l'extrémité inférieure. Elle est creusée en forme de gouge dans toute sa longueur, comme on le voit dans la figure.

Fig. 8. Le *transplantoir à branches*. Ses deux lames forment, quand elles sont rapprochées, un cylindre parfaitement arrondi. Elles ont cinq pouces de largeur, mesurés sur la corde de l'arc que forme leur courbure, et sept pouces de longueur. On donne ordinairement deux pieds d longueur à la totalité de l'instrument. Pour s'en servir on l'ouvre, on enfonce les deux lames dans la terre autour de la plante, on serre la motte et on l'enlève, par un mouvement oblique, pour la détacher plus entière dans le fond. Cet instrument est de la plus grande utilité quand on veut transplanter des plantes au moment de la floraison, sans nuire à la fleur.

Fig. 9. Le *plantoir* ou *féchou* n'est rien autre chose qu'un morceau de bois pointu dont on se sert pour faire un trou dans la terre, afin de placer les racines des jeunes plantes que l'on repique. On lui donne ordinairement neuf à dix pouces de longueur sur un pouce et demi de diamètre vers le sommet. Celui que nous avons représenté est fait avec un morceau de bois ayant un chicot propre à faire une manette. Quand on veut faire des trous d'une égale profondeur, on fait au plantoir un trou en travers qui perce de part en part, et on y passe une cheville qui vient s'appliquer sur la surface du sol lorsque le trou a la profondeur voulue.

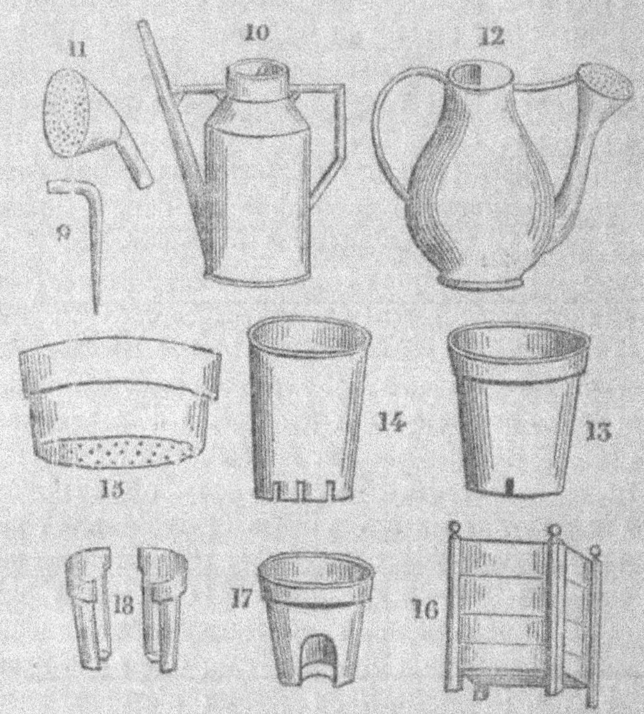

Fig. 10. *Arrosoir en fer-blanc.* Il a l'avantage d'être fort léger, et c'est pour cette raison que les amateurs lui donnent souvent la préférence ; mais il se rouille et se perce en peu d'années, malgré l'attention que l'on doit avoir de ne laisser jamais de l'humidité à l'intérieur, et quand on cesse de s'en servir, de le tenir dans un lieu sec, et de le couvrir de deux ou trois couches épaisses de peinture à l'huile. On en a vu se conserver fort longtemps après avoir été goudronnés à l'intérieur, mais il faut renouveler cette opération chaque année.

Fig. 11. *Pomme d'arrosoir*. Elle peut s'ajuster également aux arrosoirs en cuivre ou en fer-blanc. Elle est percée de trous plus ou moins grands, plus ou moins serrés, en raison de la manière dont on veut obtenir la gerbe d'eau. Ses dimensions varient également.

Quelquefois, au lieu d'ajuster une pomme à l'arrosoir, on y ajoute un *bec* ou long tube : on l'emploie alors à l'arrosement des plantes en serre, dont on ne peut pas approcher aisément d'assez près pour se servir de l'arrosoir ordinaire, soit qu'elles se trouvent placées sur des rayons ou derrière les premiers rangs.

Fig. 12. *L'arrosoir en cuivre* convient mieux dans les établissements marchands, parce qu'il est beaucoup plus solide et d'une durée considérablement plus grande. Il y en a dont la pomme est fixe; d'autres n'ont qu'un simple goulot, et on y ajoute une pomme à volonté. Tous sont lourds et d'une forme qu'on aurait pu rendre plus gracieuse.

Fig. 13. *Pot à fleurs*. On en fait de diverses dimensions : l'essentiel est qu'ils soient percés de manière à ne pas conserver l'humidité. On a essayé de faire des pots en terre vernissée, d'autres en faïence ; mais l'expérience a prouvé que ceux en terre cuite sont les plus favorables à une bonne végétation.

Fig. 14. *Pot à ananas*. Il diffère du précédent par sa forme plus allongée, par le manque de rebord afin d'occuper moins de place sur la couche chaude, et par son fond qui, outre le trou du milieu, a encore six petits fentes sur son pourtour pour faciliter l'écoulement des eaux d'arrosements. Quoique ces vases soient principalement consacrés à la culture des ananas, ils conviennent parfaitement aussi à celle de toutes les plantes qui doivent passer l'hiver en serre ou sur couche, à cause du peu de place qu'ils occupent comparativement aux autres pots.

Fig. 15. *Terrine à semis*. Elle sert à semer les graines fines des plantes délicates de terre de bruyère. La figure fait suffisamment connaître ses formes. On arrose par dessous, en déposant la terrine dans un baquet d'eau, et par ce moyen la surface de la terre du semis n'étant jamais battue, les graines les plus fines lèvent avec la plus grande facilité.

Fig. 16. *Caisse à orangers*. Malgré ce nom, les caisses à orangers servent à cultiver toutes sortes d'arbrisseaux que le volume de leurs racines ne permet pas de tenir en pots. Les meilleures caisses, c'est-à-dire celles qui offrent le plus de solidité, et qui durent le plus longtemps, sont en bois de chêne. On est parvenu à en faire avec du mastic aussi dur que de la pierre, comme on peut en voir des exemples au jardin des Tuileries, à Paris ; mais leur pesanteur balance et au delà l'avantage de leur durée.

Dans la caisse que nous avons figurée, les panneaux sont cloués à demeure. Mais on en fait dont un des panneaux peut s'ôter à volonté, soit pour renouveler la terre, soit pour faire un dépotement complet ; il est maintenu par des traverses en bois ou en fer, dont une extrémité est passée dans des crochets de fer, et l'autre attachée à charnières.

Deux crochets qui tiennent au panneau, et dans lesquels les barres sont également passées, servent à maintenir le panneau en position quand la caisse est vide. On conçoit que nous ne pouvons indiquer aucunes proportions, ni pour les caisses, ni pour les autres vases, parce qu'elles dépendent entièrement de la force et de la grandeur des végétaux à y placer.

Fig. 17. *Pot ouvert à marcotter.* Il a, mais en petit, la forme d'un pot ordinaire, avec une ouverture au fond se prolongeant un peu sur le côté. Cette ouverture doit être assez grande pour y faire passer aisément le rameau d'une marcotte.

Fig. 18. *Pot de deux pièces.* On s'en sert pour cultiver les plantes très-délicates qui craignent le dépotage; on rapproche les deux parties au moyen d'un fil de fer, et on le place ainsi dans un autre pot. Ce vase s'emploie aussi pour faire très-commodément des marcottes, mais il faut que le trou du fond, quand les deux parties sont rapprochées, soit assez grand pour ne pas blesser la tige qui doit le traverser.

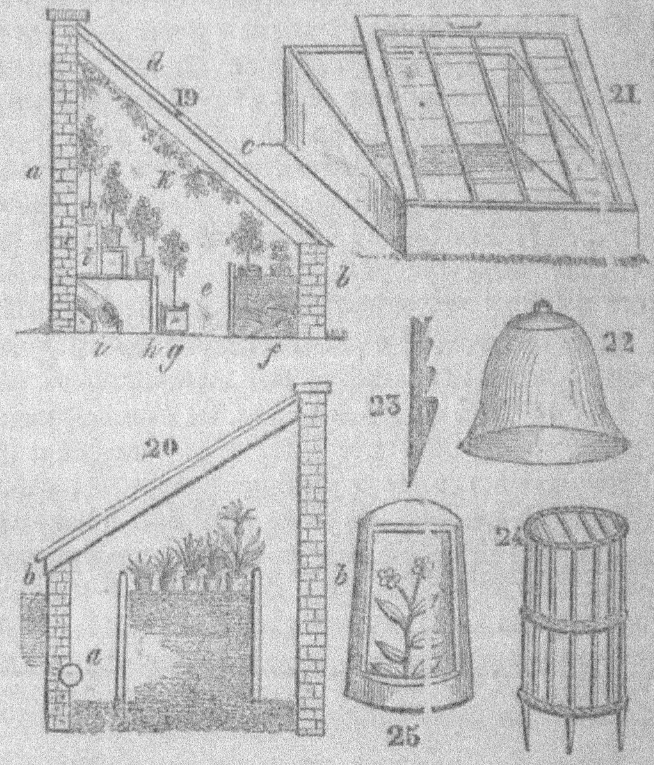

DES ABRIS.

Comme la plupart des animaux, les plantes ont
des contrées, des sites qu'elles affectionnent, et
d'où elles ne peuvent pas sortir sous peine de périr.
Les végétaux des tropiques et autres climats chauds
de la terre craignent les frimas et le froid; elles
gèlent chez nous à divers degrés de température

selon leur constitution spéciale. Par exemple, quelques espèces du Brésil périssent à un ou deux degrés au-dessus de glace; d'autres du même pays, au contraire, supportent plusieurs degrés de froid, pourvu qu'elles n'y soient soumises qu'un certain temps. La capucine du Pérou gèle à un degré au-dessous de zéro, tandis que plusieurs palmiers, entre autres le *chamerops humilis*, résistent à quatre et même six degrés de froid. L'oranger, originaire des Indes, en supporte sans danger trois ou quatre, etc. L'expérience seule peut éclairer sur ces divers points; mais nous conseillons à nos lecteurs de les laisser faire à d'autres s'ils tiennent à leurs plantes.

D'autres végétaux, qui croissent dans les contrées les plus froides du globe, périssent cependant chez nous pendant l'hiver, si on les place en pleine terre. Cette singularité vient de ce que, dans leur pays, ils sont abrités des grands froids par une épaisse couche de neige qui tombe chaque hiver; il n'est pas rare, en Sibérie, de trouver en février et mars des primevères en fleurs sous la neige.

Enfin, il est encore d'autres plantes qui ne croissent naturellement que près du sommet des plus hautes montagnes du globe, au-dessous des glaciers éternels. Ces espèces ne craignent pas le froid dans leurs localités, mais il leur faut la neige comme à celle de Sibérie, et surtout un air atmosphérique beaucoup plus raréfié qu'elles ne peuvent le trouver dans la plaine. Ce dernier besoin, que l'art ne peut satisfaire, est ce qui rend leur culture difficile dans nos établissements. Les jardiniers donnent à ces végétaux le nom de *plantes de terre de bruyère*, et elles sont désignées par les botanistes par celui de *plantes alpines*.

Il résulte de ce que nous venons de dire que la culture, pour parer à ces inconvénients, a été obligée d'inventer divers procédés, consistant en abris combinés en raison de la constitution de chaque plante. Ces abris portent les noms de serre, bâche, orangerie, châssis, etc. etc. Nous allons traiter de chacun en particulier.

1° La *serre chaude* exige comme toutes les serres trois conditions principales, de la chaleur, de la lumière, et la facilité de donner de l'air toutes les fois que la température le permet. La chaleur doit y être constamment maintenue à vingt-cinq degrés. Les plantes tropicales, auxquelles elle est destinée, n'en sortent jamais, au moins pour la plupart.

Nous donnons, fig. 19, la coupe d'une *serre chaude* peu dispendieuse, et pouvant servir à la culture de toutes les plantes originaires des contrées les plus chaudes de la terre. Ses proportions peuvent varier selon la volonté de l'amateur. *a* est un mur d'appui contre lequel la serre est appuyée. *b* est un autre mur sur lequel viennent se poser les panneaux vitrés *c*. On peut, si la serre est très-petite, n'avoir qu'un rang de longs panneaux qui la couvre entièrement; si elle est d'une certaine largeur, on en place deux rangs, *c,d*, et un seul rang est à panneaux mobiles, pouvant se lever et se baisser à volonté pour donner de l'air quand la saison le permet. En *f* est une couche ou tannée dans laquelle on enfonce les pots qui exigent beaucoup de chaleur. Quelquefois cette couche est remplacée par une simple banquette; ou même, si la serre est très-étroite, la place reste vide à un seul rayon près. En *e* se trouve le chemin des promeneurs; *h* est un gradin que l'on garnit de pots, avec le soin de mettre les caisses et les gros pots sur le premier rang, comme en *g*. On voit en *i* le tuyau de chaleur qui part d'un fourneau ou d'un poêle, et chauffe la serre dans toute sa longueur en passant sous le gradin. En *k* on voit une guirlande de passiflore ou autre plante grimpante, dont les longues tiges sont attachées aux traverses qui soutiennent les panneaux.

On peut encore, à l'exemple de M. Noisette, distinguer la *serre tempérée* de la serre chaude, et y cultiver les végétaux qui, quoique des contrées chaudes, exigent cependant moins de chaleur que les plantes tropicales. Tels sont entre autres la plupart des palmiers, les plantes grasses, etc. La serre tempérée doit être constamment maintenue entre dix à douze degrés de température; du reste elle ne diffère en rien de la serre chaude dans sa construction.

L'*orangerie*, à laquelle M. Poiteau donne aussi le nom de *serre tempérée*, doit être très-sèche, et c'est là une condition indispensable. Comme les plantes que l'on y dépose ne doivent pas y végéter, on peut se dispenser de lui donner autant de lumière qu'aux précédentes. Un appartement à bonne exposition, percé de croisées larges, hautes et rapprochées, forme toujours une excellente orangerie, pourvu que la gelée ne puisse pas y pénétrer. Pour l'en empêcher, on y tient du feu pendant les grands froids, mais le thermomètre ne doit jamais y monter, pendant qu'on le chauffe, au-dessus de quatre à cinq degrés au-dessus de zéro, et il peut même sans un grand inconvénient y descendre à deux ou trois degrés au-dessous de glace. Nous n'avons pas besoin de dire qu'on doit y entretenir les plantes dans la plus grande propreté pour éviter la pourriture, qu'elles ne doivent pas y être trop entassées, afin que l'air puisse circuler librement autour de chaque végétal, et qu'on doit scrupuleusement avoir soin de donner de l'air en ouvrant les fenêtres toutes les fois qu'il ne gèle pas et qu'il ne fait pas de brouillard.

La *bâche*, fig. 20, est une serre à panneaux peu inclinés, de manière à ce que les plantes se trouvent très-près des verres. La bâche peut quelquefois se chauffer comme la serre chaude, quand on la destine à la culture de certaines plantes des tropiques, comme, par exemple, l'ananas; alors on y établit des couches chaudes à tannée, comme nous le montrons dans la figure. Dans ce cas, on y construit un fourneau dont on fait passer le tuyau *a* le long du mur qui soutient les panneaux. Le plus ordinairement, la bâche est destinée à préserver les plantes alpines ou de terre de bruyères des frimas de nos hivers. Dans ce cas, elle est enterrée, c'est-à-dire que le niveau du sol, *b,b*, est au moins sur la même ligne que celui des couches. Ces dernières sont ordinairement en terre de bruyères et non en fumier; le plus souvent il y en a deux, longeant les murs, et le sentier est au milieu. Parfois on y cultive des

ixia, glayeuls et autres plantes délicates en pleine
terre. Quoique ces bâches n'aient pas besoin de chaleur, il est cependant nécessaire d'y avoir un poêle
ou un fourneau, afin d'empêcher, en cas de besoin,
la gelée d'y pénétrer.

Le *châssis*, fig. 21, est un diminutif de la bâche,
et peut très-bien la remplacer dans les petits jardins ; si on y fait une couche de terre de bruyère,
on y cultive aisément les ixia, les bruyères du Cap,
les plantes alpines les plus délicates, etc. etc. Le
châssis n'a pas besoin d'être chauffé au feu pendant
l'hiver ; il suffit de recouvrir ses panneaux de bons
paillassons, et, pendant les grands froids, d'entou-
rer son pourtour d'un bon réchaud de fumier
chaud. La longueur d'un châssis est indéterminée,
mais il n'en est pas de même pour sa largeur. Si on
le destine à des plantes qui exigent de la chaleur, on
ne lui donnera guère que de trois pieds et demi à
quatre pieds de large, afin que les réchauds exté-
rieurs aient plus d'action sur sa couche. Si, au contraire, on le destine à la conservation des plantes
alpines, on peut lui donner jusqu'à cinq et six
pieds de largeur. Le coffre doit être assez profond
et assez enterré pour que la surface de la couche
que l'on y établira se trouve à un pouce ou deux
au plus au-dessous du niveau du sol environnant.
Plus enfoncée, la couche est menacée d'humidité ;
plus haute, elle laisse plus facilement échapper sa
chaleur au dehors.

La *cloche*, fig. 22, est en verre poli ou dépoli,
selon qu'on veut lui laisser livrer passage à plus ou
moins de lumière. On s'en sert pour couvrir les

jeunes semis sur couche chaude ou tiède, pour faciliter la reprise des boutures en les privant d'air, etc. Elle est trop connue de tout le monde et son usage est trop généralement répandu pour que nous ayons besoin d'en parler davantage ici.

Nous avons figuré, 23, la *crémaillère*, dont les crans servent à soutenir un des bords de la cloche lorsqu'on la soulève pour donner de l'air aux plantes cultivées dessous. La crémaillère consiste simplement en un petit morceau de planchette en bois de chêne, que l'on enfonce dans la terre par son extrémité inférieure, que l'on a *apointie* à cet effet.

La *cage*, fig. 24, est bien aussi un abri, mais non contre le froid ni les intempéries des saisons. Elle sert uniquement à défendre contre la voracité des oiseaux les graines des plantes précieuses que l'on en recouvre avant la maturité. Cette cage se fait en osier, de la même manière que les mues sous lesquelles on met les petits poulets. On s'en sert aussi quelquefois pour soutenir une couverture de paille ou de feuilles sèches dont on couvre les plantes délicates de pleine terre pendant les grands froids.

Le *contresol* ou *pot coupé*, fig. 25, sera parfaitement compris par la seule inspection de notre figure. Il est très-peu employé, quoique très-utile pour abriter les plantes très-délicates contre les rayons du soleil, la pluie et le vent.

DE L'ÉDUCATION DES PLANTES.

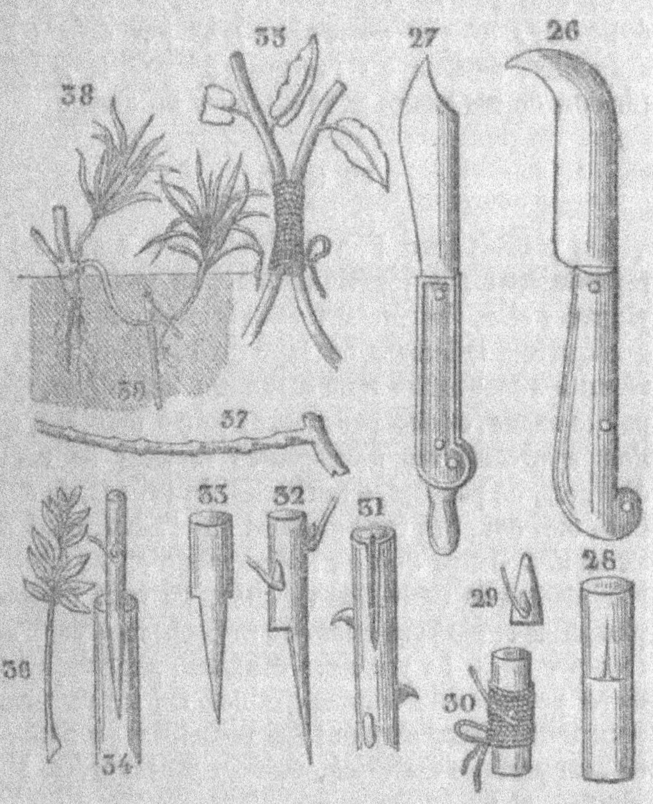

L'éducation des plantes se borne à deux choses :
leur multiplication et leur conservation. C'est ce
dont nous allons nous occuper dans ce chapitre.

DE LA MULTIPLICATION.

On multiplie les végétaux : 1° par *semis ;* 2° par *boutures ;* 3° par *marcottes ;* 4° par *éclats* des drageons, stolons ou racines ; 5° par la *greffe.* Chacun de ces modes nous fournira un article.

DU SEMIS.

Les plantes que l'on multiplie par semis ne se reproduisent pas identiquement, au moins pour la plupart ; elles fournissent des variétés qui diffèrent quelquefois tellement de leur type, qu'on a de la peine à reconnaître leur caractère spécifique. C'est par le semis, et non par aucune autre manière, que l'on a obtenu ces nombreuses variétés de roses, d'œillets, de pensées, d'auricules, de tulipes, de dahlias, etc. etc., qui font aujourd'hui l'admiration des amateurs. Outre que les individus qu'on en obtient fournissent de nouvelles variétés, ils sont toujours plus sains et plus robustes que ceux obtenus par d'autres procédés. La première condition pour semer est de se procurer de bonnes graines. On les reconnaît pour telles quand elles ont été recueillies au moment de leur parfaite maturité, qu'elles sont lourdes, bien pleines, et d'une couleur brillante ou très-prononcée. Il faut surtout qu'elles soient nouvelles ; car chaque espèce ne conserve ses vertus germinatives qu'un certain espace de temps, après lequel elles ne lèvent plus.

Stratification. On peut hâter la germination des

graines en les faisant stratifier. Cette opération consiste à les mettre, au mois de novembre, dans une caisse remplie de terreau ou de sable humide, et à les déposer ainsi dans une cave où la gelée ne peut pénétrer. Elles germent pendant l'hiver, et si cela n'arrivait pas, on aurait soin d'arroser de temps en temps, de manière à maintenir le sable dans une légère humidité. Au mois de mars, on les retire avec l'extrême précaution de ne pas casser la petite radicule qu'elles ont émise, et on les plante en place. La stratification convient surtout aux noyaux et aux grosses graines.

On peut donner comme règle générale que les graines lèvent mieux dans le terreau ou dans les terres légères que dans toutes les autres terres. Une règle tout aussi générale, c'est que plus elles sont fines, moins il faut les recouvrir de terre. Aucune graine ne demande à être enterrée à plus d'un pouce ou un pouce et demi, quelle que soit sa grosseur; il en est beaucoup, au contraire, qui, étant très-fines, ne lèvent pas lorsqu'elles sont recouvertes de plus d'un quart de ligne d'épaisseur, comme, par exemple, l'oreille d'ours.

On sème en pleine terre, ou sur couche, ou en terrine. Dans tous les cas, la terre doit être convenablement préparée pour chaque genre de semis. La pleine terre doit être défoncée assez profondément pour que la plante qu'on doit semer puisse y enfoncer ses racines à l'aise. Elle doit être ameublie autant que possible, fumée et amendée en raison de l'espèce de plante qu'on doit y cultiver. Si le semis se fait sur couche, on emploiera le terreau;

s'il doit se faire en pot et en terrine, rien ne convient mieux que la terre de bruyère, que l'on mêle, s'il est nécessaire, avec une certaine quantité de terreau ou de toute autre terre appropriée à l'espèce. Nous enseignons cette terre à l'article de chaque plante.

Époques de semis. Nous ne pouvons donner ici que des principes généraux, car nous avons dit, dans l'article de chaque plante, à quelle époque on doit la multiplier. L'observation de la marche de la nature ferait volontiers croire que tous les végétaux doivent se semer en automne, mais ceci serait une grande erreur dans la culture des jardins. Les semis d'automne donnent en effet des sujets plus vigoureux, quand ils réussissent, mais ceci arrive trop rarement. On ne sèmera donc dans cette saison que les plantes qni l'exigent impérieusement, comme nous l'indiquerons à leurs articles respectifs. Ces semis se font de septembre en décembre, selon que la saison est plus ou moins favorable.

Les semis de printemps sont toujours les plus sûrs; ils se font depuis février jusqu'en mai, selon que le printemps est plus ou moins hâtif. Ceux que l'on fait sur couche chaude peuvent même être commencés en janvier, si le temps le permet, et on les continue jusqu'en mars. Il y a plusieurs manières de semer. Nous allons les décrire par ordre de saisons.

1° *Semis sur couche.* On sème à la main, par pincée, en ayant soin de parfaitement égaliser les graines, afin que les plantes ne lèvent pas par touffes. On recouvre ensuite avec des châssis ou des cloches, et si le temps est à la gelée, chaque nuit on étend par-dessus de bons paillassons ou de la longue paille. Comme nous l'avons dit, ce semis peut se commencer dès le mois de janvier, si l'hiver est doux. On s'en sert pour se procurer des balsamines, des reines-marguerites et autres plantes annuelles, dont on veut hâter la floraison pour en jouir un mois ou deux avant l'époque où elles fleurissent naturellement. On les repique en place ou en pépinière quand la saison le permet.

2° *Semis en pots et en terrines.* Il se fait dans des terrines comme celle que nous représentons fig. 5, ou, s'il s'agit de plantes délicates qui craignent la transplantation, dans des pots ordinaires, où on les laisse toujours. On remplit ces vases de terre de bruyère, de terreau ou de toute autre terre convenable à l'espèce que l'on veut cultiver, après avoir préalablement placé dans le fond un bon lit de gros sable pour faciliter l'écoulement des eaux. Quelquefois, pour hâter la germination, on plonge le vase dans une couche chaude ou on le met sous un châssis. Quand il s'agit de graines extrêmement fines, auxquelles des arrosements ordinaires pourraient nuire en battant la terre, on arrose par-dessous, c'est-à-dire qu'on place la terrine ou le pot dans un vase où il y a de l'eau assez pour monter à un cinquième de la hauteur du pot ou de la terrine. Ces semis se font quelquefois en automne, le plus souvent au printemps.

3° *Semis en pleine terre.* Ils se font principalement au printemps, dès que les dernières gelées blanches ne sont plus à craindre et que le sein de

la terre est assez échauffé pour favoriser la végétation. Il faut d'abord que la surface du sol soit parfaitement unie au rateau, ameublie et couverte
d'une certaine épaisseur de terreau, si cela est possible. Alors on sème à la *volée* ou en *rayons*. La
première méthode consiste à répandre la graine en
la jetant à distance avec la main le plus uniformé-
ment qu'on le peut, et pour réussir à le faire avec
égalité, il faut beaucoup d'habitude. Il est de certaines plantes qui doivent se semer épais, d'autres
clair, mais le jugement du semeur suffit pour lui
enseigner ce qui convient le mieux pour chaque
espèce. Du reste, si l'on a semé trop épais, on est
toujours à même d'éclaircir quand les graines sont
levées. On recouvre le semis avec le rateau; on
paille si cela est nécessaire pour empêcher la terre
de se battre par les arrosements, et tout se borne
là. Le semis en *rayons* se fait plus particulièrement
pour les plantes qui doivent être binées et sarclées.
Au moyen d'un cordeau on ouvre des rayons droits,
d'un pouce ou deux de longueur; on y dépose les
graines, et avec le rateau on les recouvre en faisant tomber dans les rayons la terre qu'on en a
ôtée.

DE LA MULTIPLICATION PAR BOUTURES.

On nomme bouture un rameau, ou toute autre
partie d'un végétal, que l'on détache de l'individu
pour le mettre en terre, lui faire produire des racines et former un nouvel individu. Tous les végétaux reprennent de bouture, mais avec plus ou
moins de facilité, selon les espèces. On a remarqué

que, parmi les plantes, celles qui ont les tiges charnues reprennent plus aisément que les autres, et que, parmi les arbres et arbrisseaux, ce sont ceux qui ont l'écorce la plus succulente et épaisse, et l'étui médullaire le plus large. Il y a plusieurs sortes de boutures que nous allons énumérer.

La *bouture simple* est la plus facile et la plus employée. Dès le mois de février, au moment de la taille des arbres, on peut commencer à préparer des boutures. Pour cela, on coupe immédiatement au-dessous d'un œil des branches de l'année précédente, en tronçons longs de six à dix pouces, plus ou moins; on les réunit en petites bottes, et on les enterre de deux à trois pouces dans du sable humide, à l'abri du vent et de la gelée, jusqu'au moment de la plantation. On peut encore, si on le veut, couper les boutures au moment même où on doit les planter. Dans une terre bien ameublie et préparée convenablement à l'exposition du levant, si l'on ne met pas en place de suite, on fait, en avril, un trou avec le plantoir; on y enfonce la bouture de manière à ce qu'elle ait trois ou quatre yeux hors de terre, on remplit le trou avec du terreau que l'on comprime légèrement, on arrose, et on paille pour empêcher le hâle de dessécher la surface du sol. Il ne reste plus qu'à arroser pendant les chaleurs et les sécheresses.

La *bouture en plançon* est exactement la même, mais faite avec une branche entière, longue quelquefois de dix à douze pieds. On enlève tous les rameaux latéraux, on l'aiguise un peu par le bas, et on l'enfonce dans un trou que l'on a préalablement fait avec un pieu en bois ou en fer. Ce mode de multiplication convient aux peupliers, saules, aunes et autres arbres aquatiques.

La *bouture à talon* se fait avec un rameau que l'on détache de sa mère en l'arrachant, de manière à ce qu'il reste un morceau de vieux bois, comme nous le montrons dans la fig. 36.

La *bouture à crossette*, particullièrement en usage pour la vigne, consiste à laisser au rameau de l'année un morceau de bois de deux ans, comme nous le montrons dans la fig. 37.

La *bouture à bourrelet* se prépare un an à l'avance avant d'être détachée de sa mère. On fait au rameau une incision annulaire, ou on le serre avec un anneau de fil de fer, de manière à produire un bourrelet qui doit donner naissance aux nouvelles racines.

La *bouture étouffée* se fait comme les précédentes, seulement on la recouvre d'une cloche ou d'un entonnoir de verre pour la priver d'air et d'une partie de lumière ; on les lui rend peu à peu, quand elle a commencé à pousser.

La *bouture étouffée sur couche*. Elle se fait comme les précédentes, mais sur couche chaude ou tiède, et on la recouvre également d'une cloche ou d'un entonnoir de verre. Quelquefois il est même nécessaire de la priver tout à fait de lumière pendant les premiers jours. Comme on ne traite ainsi que les plantes très-délicates, ces boutures se font dans de la terre de bruyère, ou au moins très-légère. Les mois de mai et de juin sont les plus favorables pour faire toutes les boutures étouffées.

Nous terminerons cet article des boutures en prévenant nos lecteurs que l'on doit bien se donner de garde de les priver de leurs feuilles quand elles en ont, parce que ce sont elles qui fournissent de la nourriture à la jeune bouture avant qu'elle ait émis des racines.

DE LA MULTIPLICATION PAR LA GREFFE.

La greffe ne multiplie pas les individus, mais seulement les variétés; elle ne sert pas non plus, comme on a cru, à former de nouvelles variétés, mais à conserver et à multiplier celles que l'on a obtenues par le semis ou par l'effet d'une maladie. On compte un grand nombre de manières de greffer, mais nous n'enseignerons ici que celles qui sont utiles, et avec lesquelles on peut remplacer toutes les autres.

De la *greffe en fente*. Elle se fait au printemps, au moment précis où la végétation commence, mais avant que les boutons soient très-gonflés. On coupe sur l'arbre à multiplier un rameau de l'année précédente, bien aouté et bien sain, muni de bons yeux, plus petit que le sujet qui doit le recevoir ou au plus de la même grosseur. On tranche la tête du sujet, on aplanit l'aire de la coupe, et on y fait une fente longitudinale, comme nous le montrons dans la fig. 31. Il est bien, lorsqu'on le peut, que la fente n'occupe qu'un côté de la tige. Cela fait, on taille la base de la greffe en biseau, ou plutôt en lame de couteau, comme nous le montrons dans la fig. 32, où on la voit de profil, et dans la fig. 33, où on la voit de face. Il faut avoir le soin, en la taillant, qu'il y ait un œil directement au-dessus du dos de la lame, et un ou deux autres dans le reste de la longueur, qui ne doit pas excéder de un à trois pouces. On y ajuste la greffe, comme on le voit dans la fig. 34, avec la précaution indispensable de faire parfaitement coïncider l'écorce du sujet avec celle de la greffe. Si cette dernière ne se trouve pas serrée naturellement par la tige du sujet, on l'entoure d'un tour ou deux de fil de laine, puis on applique dessus la *cire à greffer,* dont voici la composition :

Poix résine.	2 parties.
Cire jaune.	2 *id.*
Suif.	1 *id.*

On fait fondre et on mélange parfaitement. Quand le mélange est parfait, on y ajoute du carreau pilé très-fin, en quantité suffisante pour donner à ce mastic, quand il est refroidi, une grande fermeté. On l'étend sur la greffe avec un pinceau, pendant qu'il est encore chaud, mais pas assez pour la brûler.

La *greffe en couronne* n'est rien autre chose que la réunion de plusieurs greffes en fente, sur la même aire de coupe d'un sujet plus ou moins gros. Selon la grosseur de la tige, on place deux, trois ou quatre greffes.

La *greffe à la Pontoise,* dont on se sert pour greffer de très-jeunes sujets dont la tige souvent ne dépasse pas la grosseur d'un tuyau de plume de poulet, se fait à peu près comme la greffe en fente,

dont elle n'est qu'une modification. On taille le rameau en biseau, mais avec un angle saillant du côté du bois ; puis on taille également le sujet en biseau, mais avec un angle rentrant dans lequel
l'angle saillant de la greffe doit s'ajuster avec la
plus grande justesse. On conçoit que le sujet et la
greffe doivent être absolument de la même grosseur,
pour qu'il y ait une exacte coïncidence des écorces.
Le reste se fait comme dans la greffe en fente.

La *greffe en écusson* se fait de deux manières,
à *œil poussant* et à *œil dormant* ; dans tous les
cas elles ne diffèrent que par l'époque où on les fait.
La première, à œil poussant, se fait en mai, un peu
plus tôt ou un peu plus tard, selon la saison, mais
toujours dans le moment de la plus grande séve :
elle prend son nom de ce qu'elle pousse de suite.
Celle à *œil dormant* se fait en août ou en septembre, lors de la seconde séve, et ne pousse qu'au
printemps suivant. Ces deux greffes se font en T
droit, et quelquefois, surtout pour les orangers,
en T renversé. Dans tous les cas le procédé est le
même.

Sur le sujet à multiplier, on lève un écusson d'é-
corce semblable à celui que nous avons représenté
fig. 29, mais avec la pointe en bas et non en haut.
Il faut avoir le soin qu'il y ait un bon œil au milieu
de l'écusson, et surtout de laisser dans son écorce
un germe que l'on aperçoit au centre de l'œil à son
intérieur. Pour faire cette opération commodément
on doit employer le greffoir que nous avons figuré
sous le numéro 27. On fait ensuite au sujet une
fente horizontale, puis sur celle-ci une autre lon-

gitudinale , comme on le voit fig. 28. Avec la lame d'ivoire du greffoir on soulève de chaque côté l'écorce du sujet , on y glisse l'écusson avec le soin de l'y ajuster de manière à ce que son intérieur joigne bien à l'aubier du sujet , puis on maintient le tout au moyen de plusieurs tours de fil de laine, comme on le voit fig. 30.

Lorsqu'on lève l'écusson , il est utile de laisser le pétiole de la feuille placée sous l'œil , parce qu'il sert à reconnaître , avant qu'elle ait poussé , si la greffe est reprise. Quand le pétiole persiste et reste en séchant attaché à l'écusson , on peut croire que la greffe est manquée. Quand, au contraire, quinze ou vingt jours après l'opération il tombe au moindre attouchement, c'est qu'elle est reprise.

La *greffe en approche*. Pour qu'elle soit praticable , il faut que le sujet qui doit fournir la greffe et celui qui doit la recevoir soient assez près l'un de l'autre pour qu'une branche du premier puisse toucher la tige du second. Aussi se pratique-t-elle le plus ordinairement sur des végétaux en pots ou en caisses , que l'on peut déplacer à volonté. On fait sur la greffe et le sujet une plaie bien nette , d'un pouce de longueur , plus ou moins, selon la grosseur des sujets , et entaillée jusqu'à mi-bois ou un peu moins. On réunit les deux plaies et en les rapprochant l'une de l'autre on a le soin de faire coïncider leurs écorces. On fait une ligature pour tenir les sujets en place , comme on le voit dans la figure 35. Un mois après on commence à faire une entaille peu profonde à la branche de la greffe un peu au-dessous de la ligature ; peu à peu on augmente cette entaille ; et enfin on finit , en coupant tout à fait la branche , de sevrer la greffe.

DE LA MULTIPLICATION PAR MARCOTTES.

L'opération de marcotter une plante consiste à coucher une de ses branches à trois pouces de profondeur dans la terre, au printemps, de l'y maintenir au moyen d'un crochet en bois, comme on le voit fig. 38 , afin de l'y faire prendre racine. Au printemps suivant, quand on s'est assuré que cette branche s'est enracinée, on la sèvre de sa mère , on la lève de terre et on la met en place. Telle est la *marcotte simple*.

La *marcotte par strangulation* diffère de la précédente en ce que l'on serre la tige avec un anneau de fil de fer, dans l'endroit où l'on veut qu'elle émette des racines.

La *marcotte à talon* se pratique principalement sur les œillets. Elle consiste à fendre la tige par le milieu , à couper une des moitié juste au-dessous d'un nœud , et à écarter cette moitié de l'autre , en forme de talon , au moyen d'un peu de terre que l'on place entre deux. Du reste, elle se fait comme la précédente.

La *marcotte par cépée* consiste à couper la tige d'un arbrisseau ras de terre , un peu au-dessus du collet , et de couvrir ce collet de deux ou trois pouces d'une terre meuble. Il ne tarde pas à émettre des rejets, qu'on lève quand ils sont suffisamment enracinés.

DE LA MULTIPLICATION PAR ÉCLAT, DRAGEONS, ETC.

Les plantes vivaces forment quelquefois de larges touffes que l'on partage en deux ou trois parties, par le déchirement des parties qui les unissent. Telle est la multiplication *par éclat*. Pour les plantes rustiques et vigoureuses, cette opération peut se faire avantageusement en septembre, mais pour celles qui sont délicates et sujettes à se fendre pendant l'hiver, il vaut mieux attendre au printemps.

Multiplication par drageons. Beaucoup de plantes émettent autour de leur collet des rameaux qui s'enracinent naturellement. Au printemps ou en automne on les sèvre de leur mère, on les lève et on les plante comme les marcottes. On peut forcer une plante à émettre beaucoup de drageons, soit en la coupant sur son collet, soit en grattant et écorchant ses racines.

Multiplication par stolons. Certains végétaux, le fraisier, par exemple, émettent de leur collet de longs filets rampants qui se traînent sur la terre. Ces filets, nommés stolons par les botanistes, poussent des petites rosettes de feuilles de distance en distance, et sous ces rosettes percent de jeunes racines qui ne tardent pas à s'enterrer et former de jeunes plantes qu'on lève au printemps pour les replanter.

Multiplication par racine. Nous rendrons compte de ce mode de multiplication en disant que ce n'est rien autre chose qu'une bouture. Il y a deux manières d'opérer. Dans la première, on détache une racine de la mère-plante, en la coupant près du collet et sans l'arracher ; on se borne à soulever son gros bout et à le maintenir hors de terre d'environ un pouce de longueur. Bientôt il émet un ou plusieurs bourgeons qui forment une nouvelle plante.

La seconde manière consiste à déterrer une racine, à la couper en tronçons de cinq à six pouces de longueur, à planter ces tronçons comme des boutures, avec la précaution d'en laisser environ un pouce hors de terre.

Multiplication par caïeux et bulbilles. Les plantes bulbeuses produisent chaque année, autour de leur bulbe ou ognon, des petits ognons nommés caïeux. Ainsi en automne, ou mieux lorsque les fanes sont desséchées, on lève ces caïeux et on les plante isolément de suite ou en automne. Les bulbilles ne sont rien autre chose que des petits caïeux qui naissent à la place des fleurs ou à l'aisselle des feuilles de certaines plantes. On les traite comme les caïeux ordinaires.

Les plantes tubéreuses produisent aussi des sortes de caïeux nommés griffes, pattes, tubercules, etc., qu'on lève et détache de leur mère et que l'on plante en automne ou au printemps, suivant les espèces.

DE LA CONSERVATION DES PLANTES.

Les végétaux cultivés dans nos jardins ont besoin de soins particuliers, chacun dans son espèce, pour conserver les brillantes ou utiles qualités que souvent ils ne doivent qu'à l'art du jardinier. A

leur article respectif nous enseignons les soins particuliers ; mais il est aussi des soins généraux qui
conviennent à toutes les espèces, et c'est de ceux-
là dont nous devons nous occuper.

De la plantation. La première chose à observer
quand on veut faire une plantation, c'est la saison
la plus favorable à la reprise. En général, pour les
arbres et arbrisseaux de pleine terre, il convient de
planter à l'automne, depuis le moment où les arbres
sont entièrement défeuillés jusqu'en décembre. On
peut même continuer pendant tout l'hiver, quand
la terre n'est pas gelée. Ces plantations sont les
meilleures, parce que les arbres ont le temps d'éta-
blir leurs racines dans la terre avant la saison de la
sève. On plante aussi au printemps, et même jusqu'à
la fin d'avril, mais la reprise n'est pas aussi assurée
et les arbres exigent des arrosemens dans la saison
sèche et chaude. Quant aux arbres et arbustes de
serre, il est indispensable de ne les transplanter
qu'au printemps, parce qu'ils pourraient périr dans
la serre pendant l'hiver, si on les y transportait avec
la fatigue que la déplantation fait toujours éprouver
aux végétaux.

Les plantes vivaces, jouissant d'une grande vi-
gueur en pleine terre, doivent se planter dès le commencement de l'automne, et même dans les premiers
jours de septembre, si on veut les avancer beaucoup pour l'année suivante : mais on fera bien de
ne planter qu'au printemps, depuis mars jusqu'en
mai, celles qui sont très-délicates et sujettes à fondre l'hiver, comme par exemple l'anémone hépatique.

Les plantes annuelles se *repiquent*, c'est-à-dire qu'on les lève du semis où elles ont été élevées, pour les mettre en place ou en pépinière jusqu'au moment où elles *marquent*, c'est-à-dire où on peut reconnaître celles qui sont doubles de celles qui sont simples. On conçoit que ces repiquages peuvent se faire pendant toute la belle saison, quoique la reprise soit bien plus sûre depuis avril jusqu'au commencement de juin. Pour le premier repiquage, il faut le faire aussitôt que les jeunes plantes ont cinq ou six feuilles non compris les cotylédons. Dans tous les cas on lève les plantes avec autant de motte qu'il est possible, en ménageant les racines de manière à les laisser intactes.

Il est de principe que jamais on ne doit toucher aux racines des végétaux, arbres ou plantes, lorsqu'on les transplante, et que l'on doit couper seulement celles qui sont cassées ou écorchées. Il faut donc bien se donner de garde de couper l'extrémité des radicelles et du chevelu, comme font de certains jardiniers, sous le ridicule prétexte de les rafraîchir. Cependant, quand on plante un arbre à racines pivotantes dans un sol qui a peu de profondeur, il est convenable de couper le pivot, afin de le forcer à émettre des racines qui s'étendent latéralement pour chercher leur nourriture.

Nous n'avons pas besoin de dire qu'avant de planter un arbre, il faut le dépouiller de toutes ses branches, sans néanmoins toucher à sa tête, surtout si on le destine à prendre une forme pyramidale. Cette précaution est inutile pour les plantes vivaces, et impraticable pour celles qui sont annuelles.

Pour planter ces dernières, un simple trou fait au plantoir peut suffire. Quelques coups de binette sont suffisants pour ouvrir la terre à une plante vivace ; mais pour un arbre il en est autrement, et, dans une bonne plantation, les trous, qui doivent être faits à l'avance, ne peuvent avoir moins de deux pieds et demi de profondeur sur autant de largeur. Le mieux, surtout dans les terrains peu profonds et qui ne sont pas d'une grande fertilité, est de creuser les trous à quatre pieds de profondeur et autant de diamètre. On remplit le fond avec une bonne terre mélangée à un engrais convenable, on place l'arbre dessus avec la précaution de rendre aux racines leur position naturelle ; on fait couler entre elles de la terre très-ameublie, afin qu'il ne reste aucun interstice vide entre elles ; on la foule un peu, mais légèrement, pour ne pas briser le chevelu ; et enfin on comble le trou avec la terre qui en est sortie.

Du *rempotage*. Lorsqu'un végétal ligneux ou herbacé est resté longtemps dans un pot ou une caisse, il en a épuisé la terre, et ses racines, qui cherchent vainement à s'allonger, tapissent les parois du vase. Il faut alors dépoter la plante, couper net le lit plus ou moins épais des racines contournées autour du pot, et diminuer la motte de terre d'un cinquième au moins de son diamètre. Cela fait, on remet une bonne terre neuve et préparée dans le vase, ou dans un autre un peu plus grand, on y place le végétal, et l'on remplit entre sa motte et les parois du pot avec de la bonne terre que l'on foule avec un morceau de bois. Plus une plante est vigoureuse en végétation, plus souvent il faut la rempoter. Cependant cette opération ne doit jamais se faire plus souvent qu'une fois par année ; communément on la fait tous les deux ans, et tous les trois ou même quatre pour les arbres qui occupent de grandes caisses. Les gros orangers, tels que ceux du jardin des Tuileries, par exemple, ne se rempotent que tous les sept à huit ans.

Le meilleur moment pour faire le rempotage serait certainement le printemps, et à l'instant précis où chaque espèce va entrer en végétation ; mais comme il faudrait le faire à diverses reprises, parce que les différentes espèces n'entrent pas en séve à la même époque, les jardiniers, pour tout faire à la fois, ont préféré l'automne, quelques jours avant de rentrer les arbres dans la serre, et cette méthode a prévalu.

Nous avons traité, à l'article des *serres*, de leur chauffage, de la manière d'y ranger les plantes, de les soigner, etc. ; nous ne reviendrons donc plus sur cet article, pas plus que sur celui des arrosements dont nous avons parlé à l'article de l'*eau*.

De la taille et de la tonte des arbres d'ornement. Cette opération n'a pas d'autre but que de donner aux arbres une forme plus agréable que celle qu'ils prendraient sans cela. La taille se fait quand les fortes gelées sont passées, c'est-à-dire depuis la fin de janvier jusqu'en avril. Elle peut se faire sur les petits arbrisseaux, tels que les rosiers, avec le sécateur, mais ce n'est jamais sans inconvénient. Il vaut donc beaucoup mieux employer pour cela la serpette de jardinier que nous avons représentée fig. 26. Quant à la forme à donner aux arbres, elle est tout à fait arbitraire et dépend absolument du goût du cultivateur ; aussi ne nous en occuperons-nous pas ici. Tout ce que nous dirons, c'est que l'on doit rigoureusement supprimer les gourmands, les branches chiffonnes ou malades, celles qui sont mal placées, et enfin faire tous ses efforts pour entretenir l'égalité dans la circulation de la sève dans chaque branche. Il est essentiel, quand on a coupé une branche un peu forte, d'unir parfaitement l'aire de la plaie, afin qu'elle puisse se cicatriser en se recouvrant d'une nouvelle écorce.

De la *tonte*. Elle se fait de la fin de juin à la fin d'août, soit à la cisaille, soit au croissant.

Des *mousses et lichens*. Ces plantes parasites s'attachent particulièrement aux vieux arbres, et quand elles s'emparent des jeunes, c'est une preuve infaillible qu'ils languissent dans un terrain qui ne leur convient pas. Dans cette circonstance il ne faut pas se borner à émousser, mais il faut encore amender le sol avec de bons engrais, l'assainir s'il est humide, en un mot approprier autant qu'on le peut sa nature à celle des espèces d'arbres qu'on y a plantés. La mousse nuit beaucoup aux arbres en entretenant sur leur écorce une humidité stagnante qui la dispose au chancre, et en fournissant un refuge à une foule d'insectes nuisibles, qu'il faut surtout s'attacher à détruire.

DEUXIÈME PARTIE.

CULTURE DES PLANTES D'AGRÉMENT.

ACACIE (*mimosa*). Les jolis arbres de ce genre se plaisent en terre franche, légèrement arrosée, et à exposition chaude. Ils se multiplient de graines qu'on a fait tremper pendant quelque temps ; ils produisent des rejetons et peuvent se greffer. On en cultive un grand nombre d'espèces, parmi lesquelles nous ne citerons que les suivantes, qui réussissent parfaitement en pleine terre.

ACACIE A GRAPPES (*m. discolor*). Cet arbrisseau est originaire de Botany-Bay. Sa tige est élevée ; ses feuilles deux fois ailées : en mars, il donne des grappes de fleurs en têtes, jaunes et odorantes. Il se multiplie de graines ou de boutures, sur couche chaude, au printemps. Culture délicate pendant les premières années.

ACACIE ARBRE DE SOIE, DE CONSTANTINOPLE OU JULI-BRIZIN (*m. julibrizin*). Originaire des Indes ; hauteur, 30 pieds ; feuilles deux fois ailées, se fermant à l'approche de la nuit. Fleurs d'un blanc rosé, en têtes paniculées ; étamines rouges. Mult. de graines semées en terrine. Même culture que le précédent.

LES ACACIES A DEUX ÉPIS (*m. distachya* et *lophanta*) et ceux A RAMEAUX SERRÉS (*m. stricta*) peuvent à la rigueur se cultiver en pleine terre ; ils exigent

toutefois de grands soins , et y fleurissent difficilement.

ACHANIE écarlate (*achania malvaviscus*). Arbrisseau grêle ; tige de dix pieds environ ; feuilles
en cœur , persistantes ; fleurs solitaires , d'un bel
écarlate. Mult. en avril , de graines ou boutures sur
couches. Culture au midi , en terre substantielle et
légère.

ACANTHE brancursine (*acanthus mollis*). Cette
plante , du midi de la France , est remarquable par
la beauté de ses feuilles ; elle donne, à la fin de l'été,
des fleurs unilobiées , d'un rose pâle. Mult. de
graines, ou éclats : culture en terre profonde ; sensible au froid.

ACHILLÉE (*achillea*). On cultive plusieurs espèces de ces plantes vivaces ; les principales sont :

ACHILLÉE D'ÉGYPTE (*a. ægyptiaca*). Tiges d'un
pied et demi ; feuilles ailées , cotonneuses. Fleurs
de juillet en septembre, jaunes , en corymbes apla-
tis. Mult. par éclats des touffes. Terre franche , légère , un peu sèche. Sa culture est délicate , et il
faut avoir soin de ne pas trop arroser.

ACHILLÉE dorée (*a. aurea*). Même hauteur que
la précédente ; feuilles découpées , cotonneuses ; de
juillet en septembre , fleurs grandes , d'un beau
jaune. Même culture que ci-dessus , mais elle exige
moins de soins.

ACHILLÉE rose (*a. rosea*). Cette espèce , qui nous
vient d'Amérique, ressemble assez à l'*achillée mille-
feuilles* ; fleurs roses ou rouges tout l'été. Même
culture.

ACHILLÉE élégante (*a. elegans*), à tiges tétragones ; feuilles amplexicaules ; fleurs à disque jaune et demi-fleurons blancs. Même culture.

On cultive encore les achillées *falcata*, *macro-phylla*, *compacta*, *ptarmica*, *ageratum*, *lingulata*.

ACONIT (*aconitum*). Plantes vivaces ; tiges de 2 à 3 pieds ; feuilles palmées ou divisées profondément. Culture en terre un peu sèche et rocailleuse ; semis en terre douce et à l'ombre ; transplantation en automne. Mult. par éclats. On cultive les espèces suivantes :

ACONIT À GRANDES FLEURS (*a. cammarum*). Fleurs bleu-pâle au centre et vif sur les bords, en juillet et août.

ACONIT TUE-LOUP (*a. lycoctonum*). Fleurs jaunes, en grappes, à casque très-allongé, en août.

ACONIT ANTHORA (*a. anthora*). À la même époque, fleurs grandes, jaunes, imitant assez bien le bonnet phrygien.

ACONIT NAPEL (*a. napellus*). Feuilles palmées ; en juin, fleurs grandes, en casque, bleues, en épis. On en cultive plusieurs variétés.

ACONIT PANICULÉ (*a. paniculatum*). En août, fleurs d'un beau bleu, ayant la pointe verte.

ADONIDE D'ÉTÉ (*adonis æstivalis*), plante indigène, annuelle ; tige d'un pied ; feuilles finement découpées. En juillet et août, fleurs petites, d'un rouge vif, noirâtres au centre. Mult. de graines, semées en printemps, à exposition aérée, dans un terrain léger.

ADONIDE D'AUTOMNE (*a. autumnalis*). Fleurs plus petites que celles de la précédente. Semis en automne, quand la saison n'est pas pluvieuse. Du reste , même culture.

Adonide de printemps (*a. vernalis*). Tige de 6 à 8 pouces; fleurs grandes et jaunes. Mult. par éclats et de graines semées en terrine ; terre légère ou de bruyère; sensible au froid. Il en existe une variété à feuilles radicales trois fois ailées, à laquelle on donne le nom d'*adonide de l'Apennin.*

AGAPANTHE ombellifère (*agapanthus ombelliferus*), ou crinole d'Afrique (*crinum africanum*). Tige de 2 à 3 pieds ; feuilles longues et planes ; en juillet, fleurs bleues en ombelle. Mult. par éclats ou par la séparation des caïeux. Il faut à cette plante peu d'eau et beaucoup d'air. On peut la reproduire de graines, mais elle met alors quatre ans à fleurir. Couverture pendant l'hiver. On peut arracher sa racine , la préserver du froid et la replanter au printemps, en pot , et sur couche tempérée.

AIL moly ou doré (*allium moly*). Plante indigène, qui donne en juin des fleurs en ombelle, d'un jaune doré , ouvertes en étoile. Presque tous les terrains lui sont également favorables; elle se multiplie par les bulbilles ou les caïeux, rarement de graines.

AIL magique (*a. magicum*). Feuilles linguiformes ; tige de 2 pieds, terminée en mai et juin par un bouquet de fleurs lilas, d'une odeur agréable. Même culture.

AIL blanc (*a. album*). En mai, fleurs blanches. Cette espèce est d'une facile culture.

Il en existe encore d'autres qui portent de jolies fleurs, mais la plante exhale une odeur désagréable.

AIRELLE anguleuse, myrtille (*vaccinium myrtillus*). Arbuste indigène, de petite taille, à feuilles semblables à celles du myrte; en mai, fleurs en grelot, d'un rose très-pâle; fruit mangeable, d'un bleu noirâtre. Culture très-difficile; exposition à l'ombre, en terre de bruyère. Mult. de semis en terrine et de marcottes.

ALCÉE rose trémière (*alcea rosea*). Cette plante nous vient de la Syrie; elle est trisannuelle, et se sème ordinairement d'elle-même. Tige de 6 pieds; feuilles larges et rondes; de juillet à septembre, fleurs de toutes nuances, simples ou doubles. Culture facile en terre franche et substantielle. Mult. de graines.

ALCÉE a feuilles de figuier (*a. ficifolia*). Fleurs roses; même culture.

ALCÉE de la Chine (*a. rosa sinensis*). Plante bisannuelle, moins grande que les précédentes; de juillet en octobre, fleurs simples ou doubles, unies ou panachées de blanc et de rouge; plus délicate que les précédentes. Couverture l'hiver; semis sur couche en février ou mars.

ALIBOUFIER officinal (*styrax officinale*). Arbrisseau de la France méridionale. Taille de 12 pieds; feuilles ovales; en juillet, fleurs blanches, assez semblables à celles de l'oranger. Mult. de marcottes, et de graines semées en terrine et sur couche; exposition chaude, en terre légère et substantielle. On cultive aussi de la même manière l'*aliboufier glabre*, dont les fleurs sont plus petites.

ALISIER de Fontainebleau (*cratægus latifolia*). Arbre indigène, de 20 à 25 pieds; feuilles arrondies, pointues et dentées; fleurs blanches, en corymbe, d'une odeur agréable; fruits orangés, mangeables. La culture des alisiers réussit assez bien dans tous les sols; néanmoins ils préfèrent une terre légère et franche, à exposition aérée. Mult. au printemps de graines macérées, ou de rejetons et marcottes; greffes sur l'aubépine. Les jeunes plantes exigent les soins de la pépinière.

ALISIER BLANC OU ALOUCHIER (*c. aria*). Plus haut que le précédent, à feuilles ovales allongées, cotonneuses en dessous; fleurs blanches, en corymbe; fruits d'un beau rouge, comestibles.

ALISIER TORMINAL OU ALOUCHIER DES BOIS (*c. torminalis*), haut de 20 pieds; feuilles ovales, incisées; en mai et juin, fleurs blanches en corymbe; fruits rouges, mangeables.

ALISIER AMELANCHIER (*c. amelanchier*). Arbrisseau indigène, d'une hauteur de 6 à 8 pieds; feuilles ovales, blanches en dessous; fleurs grandes, d'un jaunâtre pâle; fruits noirâtres.

On cultive encore les alisiers *spicata*, *nivea*, *arbutifolia*, *racemosa*, et *sorbifolia*.

ALYSSE SAXATILE OU CORBEILLE D'OR (*alyssum saxatile*). Plante vivace; feuilles blanchâtres, lancéolées; en mai, fleurs petites, jaunes, en bouquets. Terre un peu sèche. Mult. par éclats.

AMARANTHE A FLEURS EN QUEUE (*amaranthus caudatus*). Plante annuelle, originaire de l'Inde; tige de 2 à 3 pieds; feuilles ovales, rougeâtres; de juillet à novembre, fleurs en grappes, d'un rouge cramoisi. Mult. de graines; semis en mars et avril, dans un terrain ordinaire, à bonne exposition.

Amaranthe tricolore (*a. tricolor*). Feuilles panachées de rouge et de jaune. Même culture.

AMARYLLIS jaune ou lis narcisse (*amaryllis lutea*). De l'Europe méridionale ; hampe de 6 pouces, terminée, en septembre, par une fleur jaune, en forme d'entonnoir. Mult. de caïeux; culture en bordure ou massifs de terre légère; exposition au midi.

Amaryllis a longues feuilles (*a. longifolia*). Ognon allongé; hampe comprimée ; feuilles larges ; en juin ou juillet, fleurs pourpres, odorantes. Couverture l'hiver.

Amaryllis rose, belladone d'automne (*a. belladona*). Originaire d'Amérique. Ognon fort gros; feuilles canaliculées, ne venant qu'après les fleurs; hampe de 1 pied $\frac{1}{2}$ à 2 pieds, terminée, d'août en octobre, par de grandes fleurs roses, campanulées, odorantes. Terre légère, mêlée de platras, ou terre de bruyère. Sensible au froid. On en cultive une variété (*a. blanda*) à fleurs plus nombreuses et plus foncées.

AMMOBE ailé (*ammobium alatum*). Nouvelle-Hollande. Feuilles lancéolées ; tiges de 18 à 24 pouces; fleurs jaunes, mêlées de blanc. Mult. de graines et d'éclats; culture en terre sèche et légère. Couverture l'hiver.

AMORPHE arbrisseau (*amorpha fruticosa*). Petit arbrisseau de la Caroline. En août, fleurs en épi, papillonnacées, violettes. Mult. de graines, boutures et marcottes; terre légère, franche, un peu sèche.

6.

On cultive encore de même les *amorpha glabra* et *pumila*.

ANCOLIE commune, ou des jardins (*aquilegia vulgaris*). Plante rustique et vivace; tige de 3 pieds; feuilles trois fois ternées; en mai, fleurs à pétales en cornets, simples ou doubles, et de toutes nuances. Mult. de racines et de graines. Culture facile, dans tous les terrains.

Ancolie du Canada (*a. Canadensis*). Plus petite et plus délicate; fleurs d'un rouge safrané. Terre de bruyère, exposition ombragée.

Ancolie de Sibérie (*a. Sibirica*). Tige d'un pied, terminée par une seule fleur bleue, à limbe des pétales blanc. Même culture que la précédente.

ANDROSÈME officinal (*androsemum officinale*). Indigène. Tige de trois pieds; feuilles ovales; fleurs jaunes, l'été. Mult. de graines et d'éclats; terre fraîche.

ANDROMÈDE du Maryland (*andromeda Mariana*). Buisson de 3 à 4 pieds; feuilles ovales, luisantes, persistantes; en juillet, grappes de fleurs campanulées, blanches. Cette espèce et les suivantes exigent presque les mêmes soins que les bruyères, avec lesquelles elles ont beaucoup de ressemblance. Multitude de marcottes et d'éclats, en terre de bruyère, renouvelée trisannuellement.

Andromède en arbre (*a. arborea*). Arbre de 50 à 60 pieds dans son pays natal (Amériq. septent.); feuilles souvent tachées de rouge; en juillet, fleurs petites, blanches, en grappes.

On cultive encore avec succès les espèces suivantes : *caliculata*, *marginata*, *cassine-folia*, *speciosa*, *racemosa*, *tomentosa*, *axillaris*.

ANÉMONE DES FLEURISTES (*anemone coronaria*). Cette jolie plante vivace est fort recherchée des amateurs, qui en ont obtenu un grand nombre de variétés. La culture des anémones est la même que celle des renoncules ; elles exigent une terre légère, substantielle et débarrassée surtout de pierres. Une couche de terre sablonneuse et du terreau valent encore mieux. Mult. de graines et de griffes. On récolte des semences sur des plantes semi-doubles, à couleurs bien tranchées. On peut semer en terrine, en tout temps ; mais en pleine terre il faut semer au printemps, dans le nord, et dans les climats plus chauds, en septembre.

Le semis des anémones exige de grands soins ; il faut d'abord passer la terre, puis y jeter la graine, sur laquelle on pose légèrement la main ou une truelle, après quoi on recouvre de terre très-fine, mélangée de terreau, d'une hauteur de 2 lignes. On recouvre le semis de branches sèches ou de claies, pour empêcher les animaux de lui faire du tort. Quand on sème en terrine, on les met, après les avoir recouvertes de mousse, sur des planches qu'on élève de terre de quelques pieds, à cause des insectes.

Il est de grandes précautions à prendre pour préserver les semis du froid. On les entoure de cadres de bois sur lesquels on pose des paillassons. Quand la température est convenable, les anémones lèvent en un mois ; elles mettent 50 jours dans des situations moins favorables. Quelquefois les jeunes plants sont faibles : il ne faut pas dans ce cas les lever, mais rapporter deux pouces de terre dessus, y ajouter un demi-pouce de terreau, et leur faire passer le second hiver avec les mêmes précautions que le premier. D'autres fois, au contraire, de jeunes plantes fleurissent déjà au printemps, lorsque le semis a été fait en automne avec tous les soins convenables. D'ordinaire, cependant, elles ne fleurissent que la troisième et la quatrième année.

Lorsque toutes les plantes fleurissent, c'est alors qu'il faut faire un choix des plus belles et arracher les autres.

Pour planter les fleurs de choix, il faut donner un bon labour, dans une terre substantielle ou mêlée à de la terre franche et à du terreau bien consommé. La terre ameublie et passée à la claie, on trace des lignes au cordeau, et on plante les pieds dans un intervalle de 4 à 6 pouces, suivant la force qu'ils acquièrent dans la localité. Il faut avoir bien soin de les planter l'œil en haut, autrement elles ne donneraient pas de fleurs.

Jusqu'à la floraison, ces plantes ne demandent que des sarclages et un arrosage modéré, qu'on continue pendant la floraison en cas de sécheresse. Cet arrosage doit être fait avec beaucoup de précaution, pour ne pas tasser la terre ou briser la plante.

Les anémones plantées à l'automne fleurissent plus tôt et mieux que celles mises en terre à la fin de l'hiver.

On peut conserver des griffes d'anémone pendant une année sans être plantées, lorsqu'on a pris soin d'en enlever les feuilles et les tiges, et de les passer à l'eau dans un crible ; après quoi on les fait sécher, et on les dépose dans des casiers ou des sacs de papier.

Tout ce que nous venons de dire de cette culture s'applique également aux renoncules.

ANÉMONE HÉPATIQUE (*anemone hepatica*). Plante vivace, indigène, basse et fort jolie ; feuilles trilobées, luisantes ; en février et mars, fleurs bleues, blanches, roses, simples ou doubles, selon la variété ; propre à faire de charmantes bordures, en pleine terre fraîche, ombragée et douce. Mult. d'éclats en octobre, plus sûrement au printemps, car cette plante est sujette à fondre pendant l'hiver.

ANTHÉMIS A GRANDES FLEURS, CHRYSANTÈME DES INDES (*anthemis grandiflora, chrysanthemum Indicum*). Plante de la Chine, feuilles diversement découpées ; tige de 2 à 3 pieds, terminée en automne par des fleurs assez grandes, doubles ou simples, de nuances variées dans le blanc, le jaune ou le rouge. Culture en terre légère, à toute exposition ; mult. par éclats ou drageons.

ANTHÉMIS DES TEINTURIERS (*a. tinctoria*). Vivace ; moins haute que la précédente ; feuilles ailées ; en juin et en novembre, fleurs jaunes, assez grandes. Terre franche ; mult. de graines.

ANTHÉMIS ODORANTE, CAMOMILLE ROMAINE (*a. nobilis*). Plante indigène et aromatique, propre par sa petite taille à faire des bordures ; fleurs doubles, blanches, en juin et août. Même culture ; mult. par éclats.

ANTHÉMIS D'ARABIE (*a. Arabica*). Originaire d'Afrique; annuelle; feuilles linéaires, bipennées; fleurs orangées, en juillet et septembre. Mult. de graines.

ANTHYLLIDE ARGENTÉE (*anthyllis barbajovis*). Du Levant; arbrisseau de 4 pieds; feuilles ailées, persistantes; en mars-mai, bouquets de petites fleurs jaunes. Mult. de graines, boutures, drageons, marcottes. Les semis en terrine sous châssis, en automne. Couverture l'hiver, ou orangerie.

ANTHYLLIDE VULNÉRAIRE (*a. vulneraria*). Vivace; à fleurs jaunes, blanches ou rouges, de mai en juillet. Pleine terre; mult. par éclats.

On cultive encore de même les *a. cytisoïdes* et *hermannia*, arbrisseaux agréables.

APOCYN GOBE-MOUCHE (*apocynum androsæmifolium*). Originaire de Virginie. Tige de 2 pieds; en juillet-septembre, petites fleurs roses. Mult. de graines ou d'éclats. Terre légère, exposition fraîche.

ARBOUSIER COMMUN OU DES PYRÉNÉES, ARBRE AUX FRAISES (*arbutus unedo*). Arbrisseau de 12 pieds, à feuilles persistantes, ovales-oblongues; fleurs blanches ou rouges, en septembre-janvier; fruit assez semblable à la fraise, mangeable, quoique assez fade. Culture en terre franche, légère, à exposition nord-ouest; sensible au froid, ainsi que l'espèce suivante. Mult. de marcottes et graines.

ARBOUSIER BUSSEROLE, RAISIN D'OURS (*a. uva-ursi*). Feuilles luisantes, petites; en mai, fleurs blanches. Fruit petit, d'un beau rouge, comestible. Mult. de graines et marcottes. Terre de bruyère, même culture.

ARGOUSIER RHAMNOÏDE, OU GRISET (*hippophae*

rhamnoïdes). Arbrisseau de 6 pieds ; feuilles oblongues ; en avril, fleurs à peine visibles. Mult. de graines, boutures et rejetons. Culture facile, mais en terre de bruyère pour le *h. Canadensis*.

ARISTOLOCHE siphon (*aristolochia sipho*). D'Amérique. Tige grimpante de 20 à 30 pieds ; feuilles cordiformes ; fleurs rouge foncé, ayant à peu près la forme d'une pipe. Mult. de graines, et marcottes avec du bois de deux ans incisé sur un nœud. Terre légère ; exposition à l'ombre. Cet arbrisseau est très-propre à couvrir les berceaux.

Aristoloche pubescente (*a. puber*). Nouvelle-Hollande. Tige et fleurs comme la précédente ; en juin, fleurs jaunes ; même culture.

ARISTOTELIA maqui (*aristotelia maqui*). Du Chili ; feuilles lancéolées ; en mai, grappes de fleurs blanches. Terre légère, à exposition très-chaude ; multipl. de graines, marcottes et boutures. Sensible au froid.

ARMOISE citronnelle, ou aurone (*artemisia abrotanum*). Indigène ; tige de 3 pieds ; fleurs odorantes ; en août, grappes de petites fleurs. Mult. de graines ou d'éclats. Culture en terre légère, à exposition chaude ; couverture l'hiver.

ASPHODÈLE jaune (*asphodelus luteus*). Indigène ; tige de 2 à 3 pieds ; feuilles longues et minces ; de mai en juillet, épis de grandes fleurs jaunes. Mult. par drageons ou par séparation des griffes. Culture ordinaire.

Asphodèle rameux (*a. ramosus*). En mai, fleurs blanches. Même culture.

ASSIMINIER de Virginie, ou anonne a trois lobes

(*annona triloba*). D'Amérique. Arbrisseau à feuilles lancéolées, donnant en mai des fleurs d'un rouge foncé, auxquelles succèdent des fruits comestibles. Mult. de racines soulevées ou de marcottes. On cultive aussi de la même façon l'*annona grandiflora*, dont les fleurs sont beaucoup plus grandes.

ASTÈRE DES ALPES (*aster Alpinus*). Plante vivace, à tige velue, de 6 à 8 pouces; feuilles spatulées; en juillet, fleurs grandes, jaunes au disque et violettes dans les rayons. Culture en terrain humide; exposition au midi. Mult. de graines et d'éclats.

ASTÈRE REINE-MARGUERITE (*a. sinensis*). Annuelle; fleurs infiniment variées de nuances, depuis le blanc jusqu'au rouge ou au bleu foncé, ou panachées de l'une et l'autre couleur. On en cultive trois variétés: la *naine hâtive*, la *double*, et celle *à tuyaux*, *à peluche*, ou *anémone*. Elle se multiplie de graines semées au printemps, sur plate-bande, garnie de terreau, au midi. On repique ensuite en pépinière pour planter à demeure avec la motte, quand on aperçoit la fleur.

Il faut avoir soin, pour avoir des fleurs très-doubles, de prendre les graines des petites têtes qui se trouvent dans le bas de la plante.

On cultive encore de la même manière et l'on multiplie de graines semées en terrine au printemps, ou par éclat des pieds, l'*astère à feuilles d'amandier*, tige de 4 pieds, donnant des fleurs blanches en août; — l'*astère rose*, moins haute, mais à fleurs plus grandes et d'un rose violacé, paraissant en septembre; — l'*astère maritime*, tige d'un pied ; en septembre , fleurs à disque jaune et rayons bleu-pâle ; — l'*astère géant*, qui atteint 5 à 6 pieds , et dont les fleurs , d'août en octobre , sont pourpres ; — l'*astère œil de Christ*, une des plus jolies ; fleurs bleues à disque jaune , en août et septembre ; — l'*astère musqué*, arbrisseau de 8 pieds , dont les feuilles exhalent une odeur de musc, et qui se pare, en avril, de petites fleurs d'un blanc grisâtre. Sensible au froid ; — l'*astère de Sibérie*, à très-grandes fleurs d'un bleu pâle ou rouges, de juillet en septembre;—l'*astère à grandes fleurs*, à tige de 2 pieds , donnant en novembre des fleurs roses , exhalant une odeur de citron, et beaucoup d'autres variétés.

ASTRAGALE ADRAGANT (*astragalus tragacantha*). Arbuste du Midi ; feuilles ailées, soyeuses et blanches ; de mai en juillet , fleurs en épis. Culture en terre sablonneuse , à exposition chaude. Mult. de graines, sur couche , et repiquer.

De même pour l'*astragale queue de renard*, l'*astragale axillaire* et l'*astragale bigarré*.

ASTRANCE A LARGES FEUILLES (*astrantia major*). Plante indigène; tige de 2 pieds , à feuilles palmées; fleurs roses à collerette blanche , en été. Mult. par éclats. Cette espèce , ainsi que l'*astrantia minor*, et l'*a. heterophylla*, se cultive en pleine terre ordin.

ATRAGÈNE DES ALPES (*atragene alpina*). Indigène. Arbuste grimpant , de 5 à 8 pieds; feuilles trois fois ternées; en juin, fleurs d'un bleu clair. Culture en terre légère ; mult. de graines et marcottes. Semer les graines à leur maturité.

ATRAPHAXIS ÉPINEUX (*atraphaxis spinosa*).

Arbuste de 2 pieds, originaire de l'Orient ; feuilles ovales ; fruit singulier , ressemblant à une fleur d'un blanc rosé. Mult. de graines ou boutures; pleine terre , exposition chaude. Sensible au froid.

AUCUBA du Japon (*aucuba Japonica*). Arbuste de 4 à 8 pieds, à feuilles ovales , persistantes ; en avril , fleurs petites. Terre franche , exposition ombragée, mais sèche ; mult. de marcottes et boutures.

AUNE commun ou vergne (*alnus communis*). Arbre de 50 à 60 pieds, à feuilles arrondies et à fleurs peu remarquables. Terre fraîche. Mult. de rejetons , graines et boutures : on peut aussi coucher en terre une branche coupée, dont les yeux se développent. On cultive de même la variété *communis laciniata* , à feuilles découpées , ainsi que les espèces *oblongata* , *incana* , *subrotunda* , *serrulata* , *maxima* , *cordifolia*. Les aunes se plantent souvent sur le bord des rivières, où leurs racines servent à consolider les terres.

AYLANTHE glanduleux ou vernis du Japon (*aylanthus glandulosa*). Arbre de la grandeur du précédent, à feuilles ailées, et fleurs verdâtres en août. Se multiplie de graines , boutures , racines et rejetons. Culture en terre légèrement humide et abritée.

AZALÉE (*azalea*). Petits arbrisseaux fort jolis, dont la culture très-répandue a fait obtenir plus de cent variétés. Au printemps , ils donnent des fleurs en quantité , blanches , roses , jaunes , rouges , et souvent deux ou trois de ces couleurs se réunissent sur la même fleur. Plate-bande de terre de bruyère. Mult. d'éclats , graines et marcottes; on peut aussi pratiquer la greffe herbacée. Pour semer, on emplit des terrines de terre de bruyère bien tamisée et bien unie, on jette la graine dessus, on bassine légèrement, et on pose les terrines dans l'eau, de façon que la terre soit continuellement mouillée.

AZALÉE ÉCLATANTE (*a. calendulacea*). D'Amérique. Arbuste à feuilles velues; fleurs d'un jaune rougeâtre.

AZALÉE PONTIQUE (*a. pontica*). Tige de 5 à 6 pieds; feuilles ovales; en mai et juin, fleurs jaunes, odorantes. Terre de bruyère. Il en existe une variété remarquable, *a. pontica alba*, qui se cultive de même.

AZALÉE NUDIFLORE (*a. nudiflora*). Moins grand que le précédent, à feuilles ovales pointues; en mai, fleurs variant du blanc au rouge, suivant la variété. On cultive encore l'*azalea viscosa*, à fleurs blanches, d'une odeur agréable, et beaucoup de ses variétés.

AZÉDARACH BIPINNÉ OU ARBRE A CHAPELET (*melia azedarach*). De Sicile, où il est beaucoup plus grand qu'à Paris. Feuilles deux fois ailées; en juin et juillet, fleurs d'un rose vif, d'une odeur rappelant celle du lilas. Mult. de graines sur couche au printemps; terre légère, exposition chaude : le plant a besoin d'être abrité pendant les premières années.

BADIANE OU ANIS ÉTOILÉ (*illicium anisatum*). De la Chine. Hauteur de 10 à 12 pieds; feuilles lancéolées, persistantes; en avril-mai, fleurs jaunâtres, odorantes. Mult. de marcottes qui ne prennent racine qu'au bout d'un an. Culture en terre ordinaire, à chaude exposition.

BAGUENAUDIER commun ou faux séné (*colutea arborescens*). Arbrisseau indigène, de 10 à 12 pieds; feuilles ailées ; en juin et juillet, fleurs jaunes ; fruit vésiculeux. Mult. de graines ou drageons. Terre franche légère, exposition à mi-soleil. Même culture pour les autres espèces.

BALISIER ou canne d'Inde (*cannacorus, canna indica*). Plante vivace, à racine tubéreuse; tige de 3 pieds; feuilles alternes, engainantes, de 18 pouces de long sur 9 pouces de large; en été, fleurs en épi, irrégulières, écarlates. Fruits ronds et hérissés. Mult. de graines, ou par séparation des tubercules. Terre douce et fertile; arrosements abondants pendant l'été; relever les racines comme pour les dahlias et les abriter en lieu sec pendant l'hiver.

BALSAMINE des jardins (*impatiens balsamina*). Originaire de l'Inde; annuelle; tige de 18 pouces; feuilles lancéolées; fleurs simples ou doubles, du blanc au rouge et au violet, suivant la variété, qui n'est qu'accidentelle. Mult. de graines sur couche, au printemps, et repiquage en terre ordinaire. Une des plus jolies variétés de cette espèce est la balsamine a rameau.

BALSAMITE odorante (*balsamita suaveolens*). Indigène; vivace; tige de 2 à 3 pieds ; feuilles ovales ; fleurs jaunes en août. Mult. de drageons; terre ordinaire, à exposition aérée.

BARKHAUSIE rouge (*barkhausia rubra*). D'Italie; annuelle; tige de 10 pouces ; feuilles découpées ; de juin en novembre, fleurs roses, composées. Mult. de graines en place au printemps. Culture en terre légère, à bonne exposition.

BASILIC (*ocymum*). Plante aromatique , et qui doit sa culture assez répandue à cette qualité. Semis sur couche tiède , au printemps , et repiquage en pots. Variétés *anisé* et *à feuilles de laitue.*

BELLE DE NUIT ORDINAIRE (*mirabilis jalappa*). Du Pérou. Plante annuelle , à tige de 2 pieds ; feuilles en cœur ; fleurs blanches , jaunes , rouges ou panachées , de juin en septembre , s'ouvrant la nuit et se fermant le jour. Terre légère et substantielle ; mult. de graines.

BELLE DE NUIT À LONGUES FLEURS (*m. longiflora*). Du Mexique. Vivace ; tiges diffuses ; feuilles cordiformes ; fleurs blanches, à odeur de fleur d'oranger, en été. Il existe une autre espèce *hybride* qui a été obtenue par le mélange des deux premières.

BENOÎTE ÉCARLATE (*geum coccineum*). D'Orient. Vivace, à tige rameuse de 18 pouces ; feuilles à trois lobes ; tout l'été , fleurs d'un rouge vif. Multipl. d'éclats ou de graines sur couche.

BERMUDIENNE À PETITES FLEURS (*sisyrynchium bermudianum*). De la Virginie. Vivace ; tige de 10 pouces ; en juin et juillet , fleurs bleues. Terre franche légère, un peu humide ; couverture l'hiver. Mult. de graines ou d'éclats.

BÉTOINE À GRANDES FLEURS (*betonica grandiflora*). De Sibérie. Vivace; à feuilles dentées, en cœur; à grandes fleurs roses , verticillées. Terre franche légère , à demi-ombragée. Mult. par éclats en automne , et de graines au printemps.

BÉTOINE D'ORIENT (*b. orientalis*). Feuilles lancéolées: fleurs d'un rouge pâle. Même culture. Sensible au froid.

BIGNONE de virginie (*b. radicans*). D'Amérique. Grand arbrisseau grimpant; feuilles ailées; en août et septembre, fleurs longues, tubuleuses, d'un rouge-cinabre. Terre franche légère, à bonne exposition. Mult. de graines sur couches ou en terrine, d'éclats ou de boutures avec du bois de deux ans. Garantir les jeunes plants du froid, pendant 2 ou 3 ans. Même culture pour les suivantes : Bignone de la Chine (*b. grandiflora*). Assez semblable à celle qui précède, mais dont les fleurs, qui paraissent en août, ont le tube plus court et plus large.

Bignone a vrille (*b. capreolata*). Du même pays que la première, à feuilles géminées; fleurs d'un beau jaune en dedans, et rouge brun en dehors, paraissant en juin et juillet.

Bignone catalpa (*bignonia catalpa*). Arbre de 30 pieds, originaire de la Caroline; feuilles grandes, en cœur; en juillet et août, fleurs blanches, tachées de jaune et de rouge.

BOCCONIER a feuilles cordiformes (*bocconia cordata*). De la Chine; tige sous-ligneuse, de 5 à 6 pieds; en juillet, fleurs blanches en panicules. Mult. de graines et d'éclats. Terre ordinaire; couverture l'hiver.

BOULEAU commun (*betula alba*). Arbre indigène, d'environ 50 pieds de haut, à écorce blanche; feuilles deltoïdes pointues, dentées; en juillet; fleurs en chatons. Mult. de graines, marcottes, rejetons et boutures. Le semis se fait sur un terrain frais et abrité, et on le recouvre d'un peu de mousse. Culture en terre fraîche et fertile.

BRAGALOU de Montpellier (*aphyllanthes mons-*

peliensis). Indigène; vivace. Tige d'un pied , sans feuilles. Une tête de fleurs bleues en été. Mult. de graines et d'éclats. Terre de bruyère. Sensible au froid.

BROUALLE ÉLEVÉE OU VIOLETTE BLEUE (*browallia elata*). Plante annuelle , du Pérou; tige de 2 pieds, à feuilles lancéolées ; de juillet en septembre , fleurs bleu-lilas , à tube jaune d'or. Mult. de graines sur couche chaude et sous cloche; repiquage en terre légère et substantielle , à exposition chaude.

BROUSSONETIER OU MURIER A PAPIER (*broussonetia papyrifera*). De la Chine. Arbre très-grand, à feuilles entières ou trilobées ; fleurs dioïques , donnant un fruit mangeable. Il en existe une variété à feuilles capuchonnées. Mult. de graines et marcottes ; culture facile.

BRUNELLE A GRANDES FLEURS (*brunella grandiflora*). Indigène; vivace. Tige de 10 pouces; feuilles oblongues; en juillet , fleurs bleues , blanches ou roses, en épis. Mult. de graines et d'éclats ; culture à exposition libre , en terre légère.

BUDLEIA GLOBULEUSE (*budleia globosa*). Du Chili. Arbrisseau de 7 à 8 pieds ; feuilles ovales, persistantes ; en juin, fleurs jaunes en boule, aromatiques. Mult. de graines sur couche et sous cloche ou châssis , de boutures et marcottes. Culture en terre légère , à mi-soleil; arrosements abondants. Sensible au froid.

BUGLOSSE DE VIRGINIE (*anchusa virginica*). Vivace. Tige d'un pied ; feuilles ovales ; fleurs jaunes , en été. Mult. de graines et drageons. Culture en terre de bruyère , à bonne exposition.

BUGRANE A FEUILLES RONDES (*ononis rotundifolia*). Des Alpes. Vivace. Tige d'un pied, ligneuse par le pied; feuilles ternées; en juillet, fleurs jaunes à raies rouges. Mult. de graines et d'éclats. Exposition chaude, en terre ordinaire.

BUGRANE QUEUE DE RENARD (*o. alopecuroïdes*). Annuelle. Feuilles simples; fleurs rouges, en épis, paraissant en juillet. Semis sur couche au printemps, repiquage en juillet, au grand soleil.

BUIS TOUJOURS VERT (*buxus sempervirens*). Arbre indigène de 20 à 30 pieds, à feuilles persistantes et fleurs peu apparentes. On cultive de préférence les variétés suivantes. 1° BUIS NAIN (*b. sempervirens suffruticosa*). Employé en bordure; terre ordinaire. Mult. d'éclats et marcottes. 2° BUIS DE MAHON (*b. s. balearica*). Arbrisseau à tige de 10 pieds; reproduction de boutures; sensible au froid.

BUPHTHALME A FEUILLES EN COEUR (*buphthalmum cordifolium*). De Hongrie. Vivace. Tige de 4 pieds; feuilles radicales en cœur; de juin en octobre, fleurs jaunes, radiées. Mult. de graines et d'éclats; terre ordinaire, à bonne exposition. Le *buphthalme à grandes fleurs* se cultive de même.

BUPLÈVRE OREILLE DE LIÈVRE (*buplevrum fruticosum*). Indigène. Arbuste de 5 pieds; feuilles oblongues, persistantes; juin, août, fleurs jaunes. Mult. de marcottes et semences. Culture en terre à demi ombragée, un peu humide.

BUTOME EN OMBELLE OU JONC FLEURI (*butomus umbellatus*). Indigène; vivace. Hampe de 3 pieds; feuilles graminées; en juillet, fleurs roses en ombelle. Mult. par éclats. Terre marécageuse. On en cultive une variété à feuilles panachées.

CACALIE ODORANTE (*cacalia suaveolens*). De la Virginie; vivace; tiges de 4 pieds, nombreuses; feuilles sagittées; de juillet en septembre, fleurs blanches, odorantes. Mult. de graines ou d'éclats. Terre franche; exposition chaude.

CACALIE HASTÉE (*c. sagittata*). Annuelle. Tige d'un pied et demi; feuilles hastées; de juillet en septembre, fleurs rouge orangé, fort jolies. Semis sur couche ou en terrine en mars, ou sur place à la fin d'avril.

CALAMAGROSTIS ROSEAU PANACHÉ)*calamagrostis lanceolata*). Plante indigène; tige de 3 pieds; feuilles graminées, rayées de jaune pâle; fleurs peu apparentes. Mult. par éclats; culture facile.

CALCÉOLAIRE A FEUILLES LANCÉOLÉES (*calceolaria rugosa*). Joli arbrisseau bien touffu; feuilles lancéolées, à scutelles rouges en-dessous; fleurs jaunes, grosses, en été. Même culture. Les calcéolaires ont fourni un grand nombre de variétes toutes fort jolies.

CALYCANTHE DE LA CAROLINE (*calycanthus floridus*). Arbrisseau de 6 à 8 pieds, à feuilles ovales; fleurs d'un rouge foncé, exhalant une odeur analogue à celle du melon. Mult de rejetons ou marcottes incisées. Terre légère ou de bruyère; exposition à mi-soleil. On cultive de même les *c. glaucus* et *levigatus*.

CAMPANULE PYRAMIDALE (*campanula pyramidalis*). Plante indigène et bisannuelle; tige droite de 4 à 5 pieds; feuilles en cœur; de juillet à septembre, fleurs en bouquets, d'un beau bleu. Mult. par éclats, ou de graines semées aussitôt qu'elles sont mûres, et qu'il ne faut pas recouvrir. Terre franche, légère; mi-soleil dans la floraison : arrosements fréquents. Les espèces suivantes se cultivent de même :

Campanule des jardins, ou a feuille de pécher (*c. persicifolia*). Vivace. Tige de 18 pouces ; en juin et septembre, fleurs successives, évasées, simples ou doubles, blanches ou bleues.

Campanule a grosses fleurs, ou violette marine (*c. medium*). Bisannuelle. Tige de 2 pieds; feuilles en rosette, lancéolées; fleurs allongées, violettes ou blanches, velues à l'intérieur, paraissant à la même époque que dans la précédente espèce.

On cultive encore la campanule doucette, ou miroir de Vénus (*c. speculum*), qui donne en mai et juillet ses jolies fleurs violettes, à capsule prismatique. Il y en a une variété à fleurs blanches.

CAPRIER commun (*capparis spinosa*). Arbuste indigène, de 3 à 4 pieds, à feuilles rondes et à fleurs blanches, ayant les filets des étamines rouges et fort longs ; de mai en juillet a lieu la floraison. Mult. de graines en pot sur couche tiède, ou de marcottes par étranglement. Les jeunes plants sont très-délicats. Terre sèche et rocailleuse, légère; exposition chaude.

CAPUCINE (grande) ou cresson du Mexique (*tropæolum majus*). Annuelle; tige grimpante; feuilles ombiliquées; fleurs axillaires, d'un jaune orangé, paraissant tout l'été. Semis sur couche à l'abri, après les gelées. Culture facile.

La capucine d'Afrique est une jolie variété d'un

pourpre brunâtre très-foncé, qui, croisée avec la capucine ordinaire, produit des sous-variétés jaunes au bord et pourpres dans le centre.

CAPUCINE PETITE (*t. minus*). A fleurs plus petites et plus pâles. On en cultive également une variété à fleurs doubles.

CARTHAME DES TEINTURIERS (*carthamus tinctorius*). Originaire d'Égypte. Annuel; tige de 2 pieds; feuilles oblongues; fleurs jaunes de juin en août. Mul. de graines sur couche; bonne terre.

CÉANOTHE D'AMÉRIQUE (*ceanothus americanus*). Arbuste de 2 à 3 pieds, à petites fleurs blanches, paraissant de juillet en octobre. Mult. de marcottes ou de graines sur couche tiède. Terre de bruyère à demi-ombre. Sensible au froid.

CÉANOTHE PRESQUE BLEU (*ceanothus subcœruleus*). Variété charmante du *ceanothus azureus*, obtenue par M. Godefroid, mon beau-père; elle diffère principalement de son type par ses fleurs plus pâles, et elle passe très-bien l'hiver en pleine terre.

CÈDRE DU LIBAN (*pinus cedrus*). Du Liban. Arbre très-grand, pyramidal, à feuilles persistantes; fleurs monoïques; fruits en cônes. Se multiplie de graines semées en terrine. Terre franche, exposition au nord.

CÉLASTRE GRIMPANT OU BOURREAU DES ARBRES (*celastrus scandens*). Du Canada. Tige grimpante et tournante; feuilles ovales; en mai et juin, fleurs jaunâtres, insignifiantes. Mult. de graines semées aussitôt qu'elles sont mûres. Terre fraîche.

CÉLOSIE A CRÊTE (*celosia cristata*). De l'Inde. Annuelle. On désigne ordinairement cette plante par le nom d'*amarante* ou *crête-de-coq*. Tige de 18 pouces ; feuilles ovales - pointues ; fleurs petites, dont la réunion forme une crête rouge, violette ou jaune. Semis en mars sur couche chaude, repiquage en mai. Terre franche, légère ; bonne exposition.

CELSIE LANCÉOLÉE (*celsia lanceolata*). De l'Orient. Vivace. Tige rameuse ; fleurs jaunes, tachées de pourpre, paraissant en mai et juin. Mult. de graines et drageons. Terre légère ; couverture l'hiver.

CENTAURÉE ODORANTE, AMBRETTE JAUNE (*centaurea amberboi*). De l'Orient. Annuelle. Tige de 2 pieds ; feuilles larges ; fleurs jaunes, odorantes, paraissant de juillet en octobre. Semis sur couche en février, ou sur place en automne ; il faut dans ce dernier cas la préserver du froid. On multiplie en outre les centaurées par éclats. Elles aiment une terre légère, substantielle, profonde ; exposition aérée ; plein soleil.

CENTAURÉE BLEUET, BARBEAU (*c. cyaneus*). Indigène. On en obtient des variétés de toutes couleurs, excepté pourtant de jaunes. — CENTAURÉE MUSQUÉE (*c. moschata*), à fleurs blanches ou roses, à odeur de musc, paraissant de juin en septembre.

CÉPHALANTHE D'OCCIDENT (*cephalanthus occidentalis*). D'Amérique. Arbrisseau de 6 pieds, à feuilles lancéolées, donnant en été des têtes de petites fleurs blanches. Mult. de graines tardives à lever, ou de marcottes également lentes. Terre de bruyère, à l'ombre.

CERISIER DE VIRGINIE (*cerasus virginiana*).

Arbre à feuilles bidentées , donnant en mai des grappes de fleurs blanches. Mult. de noyaux , de drageons ou par la greffe sur le *cerasus avium* ou sur le *mahaleb*. Terre légère , exposition chaude. Même culture pour les espèces :

CERISIER A GRAPPES (*c. padus*). D'Europe. Arbrisseau de 12 à 15 pieds , à feuilles ovales ; en mai , fleurs blanches, en grappes pendantes. On cultive encore de lamême manière trois variétés du *cerisier domestique* : 1° à fleurs prolifères ; 2° à fleurs demi-doubles ; 3° à fleurs doubles , en les greffant sur leur type, ainsi qu'une autre variété qui porte le nom de CERISIER MERISIER A FLEURS DOUBLES , OU RENONCULIER (*c. avium flore pleno*) , qui donne en mai des fleurs très-doubles et fort jolies.

CERISIER-LAURIER DE PORTUGAL OU AZARERO (*c. lusitanica*). Du Portugal. Arbrisseau de 12 à 15 pieds ; fleurs blanches en juin et juillet. Cette espèce et les deux suivantes sont à feuilles ovales lancéolées et persistantes : leur culture est plus délicate ; on les multiplie de marcottes, de boutures et de noyaux semés en terrine ; le jeune plant est très-sensible au froid , et exige une couverture l'hiver. Ils aiment une terre fraîche et légère.

CERISIER LAURIER DU MISSISSIPI (*c. caroliniana*). En mai , grappes de fleurs blanches.

CERISIER LAURIER-CERISE (*c. lauro-cerasus*). Arbre de 15 pieds ; en mai , fleurs blanches , petites. On en cultive trois variétés : une à longues feuilles , une à feuilles étroites , et une à feuilles panachées.

CHALEF OLIVIER DE BOHÈME (*elœagnus angustifolia*). Arbre du midi de l'Europe, de 35 à 40 pieds

d'élévation ; feuilles ovales , argentées ; fleurs jaunâtres et odorantes , en juin. Mult. de rejetons ,
boutures , marcottes et semences. Terre sablonneuse ; exp. chaude.

CHARME commun ou charmille (*carpinus betula*).
Indigène. Arbre de moyenne grandeur ; feuilles
rondes. Mult. de semis ; culture en tout terrain et à
toute exposition.

CHÊNE (*quercus*). Arbres indigènes et exotiques.

Les espèces suivantes : *rubra, nigra, castanea,
bicolor, phellos*, peuvent être employés , en raison de la singularité de leur feuillage ou de leur
port , à l'ornement des jardins paysagers. Les
chênes se multiplient par le semis ; on ne greffe
guère que les espèces rares. Les semis se font généralement en place, ou en plates-bandes creusées
et garnies au fond de matières que les racines ne
peuvent pas pénétrer , afin que la transplantation
puisse se faire avec facilité et sans endommager les
racines, auxquelles on fera toujours bien de laisser
une motte de terre en replantant. Les glands se
sèment à l'automne , ou après les fortes gelées ;
mais on a soin alors de les faire stratifier. On traite
les plants comme des sujets de pepinière.

CHÈVREFEUILLE (*lonicera*). On a fait deux
divisions des arbrisseaux de ce genre ; la première
comprend ceux qui sont grimpants , la seconde ceux
qui ne le sont pas. On a donné à ces derniers le
nom de chamecerisier (*chamæcerasus*). La culture est néanmoins la même pour tous ; ils aiment
une terre légère , à exposition un peu ombragée.
Ils se multiplient de marcottes et d'éclats.

Chèvrefeuille des jardins (*l. caprifolium*). Indigène. Tige grimpante, à feuilles supérieures soudées par la base ; fleurs d'un rouge variable au dehors, paraissant en mai et juin.

Chèvrefeuille des bois (*l. periclymenum*). Indigène ; tige grimpante ; feuilles libres à la base, donnant toute l'année des fleurs passant du blanc au jaune, d'une odeur délicieuse. Le *sempervirens* des jardiniers en est une variété à feuilles persistantes.

Chèvrefeuille de Virginie (*l. sempervirens*). Tige grimpante. Feuilles supérieures soudées ; fleurs verticillées, sans odeur, jaunes dedans, d'un rouge vif en dehors. — Chamecerisier de Tartarie (*l. tatarica*). Tige de 9 pieds ; feuilles en cœur ; fleurs roses, en mars et avril, blanches dans la variété.

CHIONANTHES de Virginie (*chionanthus virginica*). Arbrisseau de 12 pieds, à feuilles oblongues ; fleurs en grappes, blanches, paraissant en juin. Mult. de graines qu'on fait stratifier, si on veut qu'elles lèvent la première année ; greffe sur le frêne. Terre humide ; exposition à mi-ombre.

CHRYSANTHÈME des jardins (*chrysanthemum coronarium*). Du Levant. Annuelle. Tige de 2 pieds ; de juillet en septembre, fleurs simples ou doubles, variant du blanc au jaune. Mult. de graines. Culture facile.

Chrysanthème des Indes (*chrysantemum indicum* ou *anthemis grandiflora*). Vivace, haute de 2 à 3 pieds, feuilles découpées, odorantes ; en automne jusqu'aux gelées, fleurs larges de 1 à 4 pouces, affectant toutes les nuances du blanc, du jaune, du pourpre, etc., selon les variétés, qui sont au nombre de plus de deux cents. Pleine terre ordinaire ; arrosements en été pour hâter la floraison. Mult. aisée par éclats, en automne et au printemps.

CISTE A FEUILLES DE LAURIER (*cistus laurifolius*). Arbrisseau indigène de 4 à 5 pieds, à grandes fleurs blanches. — CISTE A FEUILLES DE PEUPLIER (*c. populifolius*). Originaire d'Espagne. De 5 à 6 pieds, à moyennes fleurs blanchâtres. — CISTE LADANIFÈRE (*c. ladaniferus*). Arbrisseau du Levant, de 4 à 5 pieds ; fleurs blanches très-grandes.

Les *cistus purpureus*, *halimifolius* et *symphytifolius* se cultivent, comme les précédents, en terre sèche et substantielle ; ils exigent une couverture l'hiver, et se multiplient de semis sur couche au printemps, de boutures l'été, et plus difficilement de marcottes.

CLAVALIER A FEUILLES DE FRÊNE (*zanthoxylum fraxinifolium*). Du Mexique. Tige de 10 à 12 pieds; feuilles semblables à celles du frêne ; en mars, fleurs insignifiantes, donnant des gousses odorantes, rouges. Mult. de semences et rejetons. Terre ordinaire, à exposition à demi ombragée.

CLÉMATITE A GRANDES FLEURS (*clematis florida*). Arbrisseau du Japon, à tiges sarmenteuses; feuilles biternées et triternées ; d'avril en novembre, fleurs doubles, passant du vert au blanc. On cultive ces espèces et les suivantes en terre légère franche, mêlée de terre de bruyère, à exposition sèche et chaude. On facilite la durée et le développement des fleurs en les garantissant du soleil vers le milieu du jour. Les clématites se multiplient de semences, de marcottes qu'il ne faut séparer que la seconde année , et par la greffe sur la clématite simple.

CLÉMATITE ODORANTE (*c. flammula*). — CLÉMATITE BLEUE (*c. viticella*). *Clematis bracteata*, à fleurs blanches; — *c. erecta, cirrhosa, viorna, integrifolia, fragrans, aristea* et *calycina*. Ces deux dernières exigent une couverture l'hiver.

CLÉONIE DE PORTUGAL (*cleonia lusitanica*). Plante annuelle , de 6 pouces ; en été , fleurs violettes , à taches blanches. Mult. de graines sur couche au printemps. Terre légère ; bonne exposition.

CLÉTHRA A FEUILLES D'AUNE (*clethra alnifolia*). Arbrisseau d'Amérique , de 5 à 6 pieds ; feuilles ovales ; fleurs petites, blanches et odorantes, paraissant en août. Mult. de semences , d'éclats, et de marcottes lentes à prendre racine. Terre de bruyère, exposition ombragée. On cultive ainsi les CLÉTHRA *tomentosa, acuminata* et *paniculata*.

COBÉE GRIMPANTE (*cobæa scandens*). Plante annuelle du Mexique; tiges grimpantes de 20 à 30 pieds; feuilles ailées; tout l'été, fleurs violettes. Terre franche, légère; arrosements fréquents. Mult. de graines sur couche tiède au printemps; repiquage.

COGNASSIER DU JAPON (*cydonia japonica*). Tige tortueuse, de 3 à 4 pieds; feuilles ovales; fleurs d'un pouce et demi de large , rouge foncé , paraissant en avril et mai. On en cultive une variété à fleurs blanches. Mult. de boutures et marcottes , et de greffe sur le cognassier commun. Terre de bruyère ; mi-soleil. — COGNASSIER DE LA CHINE (*c. sinensis*). Même culture.

COLCHIQUE D'AUTOMNE (*colchicum autumnale*). Plante vivace, dont la culture a produit un grand nombre de variétés. En septembre, fleurs lilacées. Mult. de graines et caïeux. Terre fraîche, sablonneuse et profonde.

COMPTONE A FEUILLES DE CÉTÉRAC (*comptonia aspleniifolia*). D'Amérique. Tige de 2 à 3 pieds; feuilles linéaires; de mars en mai, fleurs peu apparentes. Mult. de rejetons; terre de bruyère; mi-soleil.

CONYSE DE VIRGINIE OU SENEÇON EN ARBRE (*conysa halimifolia*). De 7 à 8 pieds; feuilles persistantes; fleurs blanchâtres, en octobre. Mult. de marcottes et boutures. Terre sablonneuse, exposition chaude.

CONSOUDE A FEUILLES RUDES (*symphytum asperrimum*). Du Caucase. Vivace. Tige de 4 pieds; feuilles ovales; fleurs bleues, paraissant en mai et juin. Mult. de graines et d'éclats; terre ordinaire.

COQUELOURDE DES JARDINIERS (*agrostemma coronaria*). D'Italie. Bisannuelle. Plante de 18 pouces, à feuilles oblongues, à fleurs simples ou doubles, du blanc au rouge, paraissant de juin en septembre. Mult. de graines semées à la maturité, et d'éclats en octobre.

CORNOUILLER SANGUIN (*cornus sanguinea*). Arbisseau indigène, de 15 à 18 pieds; fleurs blanches, en ombelles, en juin. Baies d'un rouge noirâtre. Mult. de semences, marcottes, drageons, et par la greffe sur le cornouiller commun. Tout terrain, et plutôt l'ombre que le soleil. Même culture pour les suivants, qui sont : le CORNOUILLER A FRUITS

BLEUS, *c. cœrulea* ; les *cornus alba, paniculata, alternifolia , circinata , sibirica , stricta.*

CORONILLE DES JARDINS (*coronilla hemerus*). Indigène. Tige de 4 pieds , à feuilles ailées ; fleurs jaunes ; à taches rouges , paraissant en juin. Mult. de boutures , drageons , marcottes et graines. Terre légère et franche , à exposition chaude.

CORYDALE ÉLÉGANT (*corydalis formosa*). D'Espagne. Vivace. Tige d'un pied ; en juin et juillet , fleurs roses. Mult. par éclats ; terre de bruyère , un peu sèche.

CUPIDONE BLEUE (*catananche cœrulea*). Plante indigène , à tige grêle ; vivace ; feuilles longues et étroites ; fleurs d'un bleu clair , paraissant de juillet en octobre ; mult. de graines et d'éclats. Terre légère, exposition chaude. Couverture l'hiver.

CYNOGLOSSE PRINTANIÈRE (*cynoglossum omphalodes*). Du Midi. Vivace ; tige de 6 pouces ; feuilles en cœur , persistantes ; en mai, jolies grappes de petites fleurs bleues. Mult. par traces ; culture en terre légère , à mi-soleil.

Les espèces *c. cheirifolium* et *linifolium* sont annuelles et se multiplient de semences.

CYPRÈS COMMUN , PYRAMIDAL OU FEMELLE (*cupressus sempervirens*). Originaire de la Crète. Arbre résineux de 30 à 40 pieds ; feuilles persistantes ; fruits en cônes arrondis. Semis en terre de bruyère, au printemps , ou en terrine sur couche tiède. Il se multiplie également de boutures. Culture en terre légère et chaude. Le C. FAUX THUYA (*c. thuyoïdes*), de 70 à 80 pieds , se cultive en terre humide et marécageuse.

CYPRIPÈDE SABOT DE VÉNUS (*cypripedium calceolus*). Plante indigène , vivace, à tige d'un pied et à feuilles ovales-pointues ; fleurs odorantes , jaunes et d'un brun rougeâtre. Mult. de drageons ; culture en terre de bruyère fraîche et à l'ombre.

CYTISE DES ALPES OU FAUX ÉBÉNIER (*cytisus laburnum*). Arbre indigène, de 25 à 30 pieds; feuilles trifoliées ; fleurs jaunes en grappes , paraissant en mai. Mult. de semences en pépinière , au printemps; terre ordinaire. On cultive de cette espèce les variétés : *à fleurs odorantes , à feuilles panachées , à feuilles de chêne* , ainsi que le *c. adami* , dont les fleurs sont rose-chamois.

DAHLIA (*dahlia*). Plante du Mexique. Racine tuberculeuse ; tige de 3 à 10 pieds , herbacée ; feuilles ailées ; de juin en octobre , superbes fleurs radiées des couleurs les plus variées. Les dahlias se multiplient par la séparation des tubercules , auxquels on laisse un morceau du collet. On plante les tubercules en place , et on les recouvre de quelques pouces de terreau. Quand la tige a 8 à 10 pouces, on la garnit de fumier au pied , et on arrose fréquemment. Les tiges des dahlias ont besoin de tuteurs, à cause de leur fragilité. Ces plantes se plaisent dans une terre légère et substantielle , bien ameublie. On plante les dahlias par rang de taille, afin de jouir mieux de la vue de leurs fleurs.

Pour obtenir ces variétés , qui sont en ce moment si recherchées , il faut semer les graines des plantes dont les couleurs sont les plus vives et les plus parfaites de formes, en terrine , dans une terre légère et substantielle ; on plonge ces terrines dans une

couche tiède , et on arrose convenablement. On repique en place vers le mois de mai , et on soigne
ces élèves comme les autres pieds. La première année leurs fleurs sont presque toujours simples.

En novembre , quand les tiges des dahlias sont
coupées , on enlève les tubercules, et après les avoir
fait sécher à l'air , on les met à l'abri du froid et
de l'humidité , pour les replanter le printemps suivant.

DALÉE POURPRE (*dalea purpura*). D'Amérique.
Vivace. Tige de 18 pouces; feuilles ailées ; fleurs
purpurines , tout l'été. Mult. de semences et d'éclats ;
culture en terre légère et franche.

DAPHNÉ LAURÉOLE (*daphne laureola*). Arbuste
indigène , de 3 à 4 pieds , à feuilles ovales , persistantes; en février et mars, fleurs jaunâtres , odorantes. On greffe sur cette espèce toutes les variétés.
Mult. de graines en terrine , aussitôt la maturité , ou
de marcottes , d'éclats et drageons. Terre légère et
fraîche.

DAPHNÉ MÉZÉRÉON (*d. mezereum*). Indigène , de
3 pieds ; feuilles caduques ; fleurs blanches et violâtres, en hiver. Même culture. — DAPHNÉ PONTIQUE
(*pontica*). De Turquie. Tiges de 3 pieds; feuilles
ovales, persistantes; de mars en mai, fleurs odorantes,
jaunâtres. Sensible au froid. On cultive de même ,
mais en terre de bruyère , les *daphne cneorum* , à
fleurs roses en mai.

DAUPHINELLE PIED-D'ALOUETTE (*delphinium aja-
cis*). Cette plante de 1 pied à 18 pouces , annuelle
et indigène, à fleurs blanches, bleues, roses, rouges
ou violettes, simples ou doubles, paraissant en juil-

let, est souvent employée pour faire de jolies bordures. On la sème en automne et au printemps en terre ordinaire.

DAUPHINELLE A GRANDES FLEURS (*d. grandiflorum*). Vivace ; à tige rameuse ; feuilles découpées ; donnant en juillet et août de grandes fleurs bleu de ciel, simples ou doubles, suivant la variété. Mult. de semences et d'éclats. Les espèces vivaces se cultivent de la même façon.

DÉCUMAIRE SARMENTEUSE (*decumaria barbara*). De la Caroline. Tiges rampantes et prenant racine à chaque articulation ; fleurs d'une odeur agréable, en panicules, paraissant en août et septembre. Mult. de rameaux enracinés. Terre fraîche ; exposition à l'ombre.

DIERVILLE JAUNE (*diervilla lutea*). Du Canada. Racines traçantes ; feuilles lancéolées ; fleurs odorantes, jaunes, en été et en automne. Mult. de semences, traces, boutures et marcottes. Terre fraîche.

DIGITALE A GRANDES FLEURS (*digitalis ambigua*). Plante indigène, vivace ; tige de 2 pieds ; feuilles ovales ; en juin et juillet, fleurs jaunes au dehors, tachées de rouge à l'intérieur. Mult. de graines semées à la maturité, ou par drageons séparés. Terre fraîche.

DIRCA DES MARAIS (*dirca palustris*). Du Canada. Tige de 5 à 6 pieds ; feuilles ovales ; fleurs en cornet, d'un jaune très-pâle, paraissant en mars et avril. Mult. de semences en terrine et terre humide. Culture en terre de bruyère humide et à l'ombre.

DORONIC A FEUILLES CORDIFORMES (*doronicum pardalianche*). Des Alpes. Vivace. Tige de 2 pieds ; en mai et juin, fleurs d'un beau jaune. Mult. par éclats ; terre ordinaire. On cultive ainsi les espèces *caucasicum* et *plantagineum*.

DRACOCÉPHALE D'AUTRICHE (*dracocephalum austriacum*). Indigène. Vivace. Tige de 18 pouces ; feuilles lancéolées ; de juillet en août, fleurs d'un bleu violet. Mult. de semences sur couche tiède, ou par drageons. Culture en terre légère, substantielle, à exposition chaude. Relever tous les trois ans.

DRACOCÉPHALE A GRANDES FLEURS (*d. grandiflorum*). De Sibérie. Vivace ; plus petit que le précédent ; feuilles cordiformes, radicales ; en juillet, fleurs bleues tachées de brun. Même culture, ainsi que pour les *d. virginianum* et *moldavicum* ; le premier à fleurs rose tendre, et le second à fleurs d'un blanc pourpré.

DRAVE DES PYRÉNÉES (*draba pyrenaica*). Vivace ; feuilles à 3 ou 5 lobes ; en mai, fleurs blanches tachées de rouge. Mult. par éclats ; terre rocailleuse, ombragée.

ÉCHINOPE AZURÉE (*echinops ritro*). Plante indigène, vivace, à tige de 2 pieds ; feuilles découpées ; fleurs bleues, en tête, en juillet. Mult. de graines au printemps. Terre ordinaire. L'*échinope paniculée* se cultive de même.

ECCRÉMOCARPE RUDE (*eccremocarpus scaber*). Arbrisseau grimpant du Chili ; tige de 10 à 15 pieds ; feuilles ailées, incisées ; en juillet et août, grappes de fleurs écarlates, tubuleuses. Pleine terre ; couverture l'hiver. Mult. de marcottes et boutures au printemps.

ÉDOUARSIER A GRANDES FLEURS (*edwarsia gran-*

diflora). Arbrisseau de la Nouvelle-Zélande ; tige de 12 à 15 pieds ; feuilles ailées ; en avril et mai, fleurs jaunes en grappes. Mult. de marcottes incisées, et semis sur couche au printemps. Terre ordinaire, couverture l'hiver.

ÉNOTHÈRE A GRANDES FLEURS OU ONAGRE (*œnothera suaveolens*). Bisannuelle ; tige de 3 pieds ; feuilles oblongues ; de juin à octobre. fleurs jaunes, odorantes, se fermant à l'ardeur du soleil comme celles des espèces suivantes. Terre légère et franche ; exposition au soleil. Mult. de graines. — ÉNOTHÈRE DE FRASÈRE (*œ. fraseri*). Fleurs se succédant de mai en juin. — ÉNOTHÈRE A 4 AILES (*œ. tetraptera*). Fleurs passant du blanc au rose et au rouge, de juillet en octobre. Terre sèche.

On cultive de même les *onagres sous-ligneux, de Romangzoff, amœna, serotina, glauca, purpurea.*

ÉPERVIÈRE ORANGÉE (*hieracium aurantiacum*). Indigène, vivace ; racines traçantes ; tiges d'un pied ; feuilles ovales ; fleurs d'un orangé vif, paraissant de juin en septembre. Mult. de graines ou drageons ; terre substantielle et légère ; arrosements fréquents ; couverture l'hiver.

ÉPHÉDRA ÉLEVÉ (*ephedra altissima*). Originaire de Barbarie ; tige de 10 à 12 pieds ; en été, fleurs en chatons. — ÉPHÉDRA A UN ÉPI (*e. monostachya*). De Sibérie. Fleurs paraissant en automne. Fruits rouges et mangeables. — ÉPHÉDRA A DEUX ÉPIS (*e. distachya*). Indigène. Fleurs en chatons géminés, en été. On les multiplie de rejetons ; leur culture se fait en terre légère et franche, un peu humide, à exposition abritée.

ÉPHÉMÈRE DE VIRGINIE (*tradescantia virginica*). Vivace; tige de 15 à 18 pouces; feuilles linéaires; fleurs à trois pétales, bleues, de mai en octobre. Mult. par éclats. Terre ordinaire; mi-soleil. Variétés à fleurs rouges et à fleurs blanches.

ÉPIGÉE RAMPANTE (*epigæa repens*). D'Amérique. Arbuste rampant, à feuilles en cœur, persistantes; fleurs odorantes, blanches, de mars en mai, souvent jusqu'en juillet. Mult. d'éclats et marcottes. Terre de bruyère, un peu d'ombre.

ÉPILOBE À ÉPI (*epilobium spicatum*). Plante indigène et vivace, à tige de 4 à 5 pieds; fleurs d'un rouge pourpre, ou blanches, de juillet en septembre. Mult. de drageons.

ÉPIMÈDE DES ALPES (*epimedium alpinum*). Plante vivace; tige d'un pied; feuilles en cœur, triternées; fleurs à calice rouge et pétales jaunes, paraissant au printemps. Mult. de racines. Terre franche, légère, à l'ombre.

ÉRABLE (*acer*). On distingue sous ce nom un grand nombre d'arbres et d'arbrisseaux qui peuvent être employés avec avantage à la décoration des jardins. Voici les noms des espèces d'Europe qui se cultivent dans tout terrain et à toute exposition. — L'ÉRABLE SYCOMORE (*a. pseudoplatanus*) est un grand arbre indigène. — L'ÉRABLE PLANE (*a. platanoïdes*) et l'ÉRABLE DE MONTPELLIER (*a. monspessulanum*), de moyenne grandeur. Les espèces qui nous viennent d'Amérique exigent une terre fraîche et substantielle. Les érables se multiplient par le semis et la greffe, quelquefois de boutures.

ÉRODION des Alpes (*erodium alpinum*). Plante vivace; racines tubéreuses; tiges courtes; fleurs blanches à veines rouges. Mult. de graines et d'éclats. L'*erodium romanum*, à fleurs pourpres en ombelles, se cultive de même.

ÉRITHRONE dent de chien (*erithronium dens canis*). Indigène; vivace; feuilles ovales-pointues; hampe de 6 pieds terminée en avril par une fleur blanche à l'intérieur et pourprée à l'extérieur. Mult. par séparation de caïeux tous les trois ans, ou par semis en terrines. Terre légère ou de bruyère. On cultive de même l'ÉRITHRONE DORÉ (*e. flavescens*) à fleurs jaunes, ponctuées.

ÉRITHRINE crête de coq (*erithrina crista galli*). Arbrisseau de 4 à 6 pieds, aiguillonné; feuilles trifoliolées; en juillet et août, fleurs rouges, en grappes superbes. Orangerie, ou pleine terre sèche et chaude avec couverture l'hiver. Mult., au printemps, de boutures faites avec des pousses tendres et étouffées sur couche chaude.

EUPATOIRE pourpre (*eupatorium purpureum*). D'Amérique. Vivace; tige de 2 pieds; feuilles quaternées, ovales; fleurs rouges, de septembre en octobre. Mult. de graines ou d'éclats. Terre fraîche, à bonne exposition.

FABAGELLE commune (*zygophyllum fabago*). Plante originaire de Syrie; vivace; feuilles à deux folioles ovales; fleurs orangées, blanches à la base, paraissant de juillet en septembre. Mult. de semences et d'éclats. Terre graveleuse, soleil. Couverture dans les grands froids.

FÉVIER D'AMÉRIQUE (*gleditzia triacanthos*). Arbre du Canada, de moyenne grandeur ; racines pivotantes ; longues épines, très-acérées et nombreuses ; feuilles odorantes, deux fois ailées ; en mai et juin, fleurs d'un blanc-sale, peu apparentes; gousses brunes, tâchées de rouge. Variété sans épines. Cette espèce et les suivantes se multiplient de semis en plate-bande, à bonne exposition, au printemps, ou par la greffe sur le *triacanthos*. Ils exigent une terre légère, fraîche et à demi ombragée.

FÉVIER D'ORIENT (*g. caspiana*). Une des plus belles espèces. Le tronc et les branches sont garnis d'épines recourbées; feuilles bipinnées, d'un pied de long.

Le FÉVIER A GROSSES ÉPINES (*g. macrocanthos*) et le FÉVIER VERDATRE (*g. subvirescens*) se cultivent de la même façon. Tous ces arbres sont de moyenne grandeur.

FILARIA A FEUILLES ÉTROITES (*phyllyrea angustifolia*). Arbrisseau de 10 pieds; feuilles linéaires persistantes; fleurs verdâtres, paraissant en mars. Mult. de graines semées en terrine à la maturité, ou de marcottes par étranglement. Terre légère à demi ombragée. Sensible au froid les premières années.

FLÉCHIÈRE COMMUNE (*sagittaria sagittifolia*). Indigène, vivace, aquatique. Tige de 6 pouces; feuilles sagittées: en juin et juillet, épi de fleurs blanches. Mult. d'éclats. Terre inondée.

FONTANÉSIE A FEUILLES DE FILARIA (*fontanesia*

phillyreoïdes). Arbrisseau de Syrie, de 8 à 10 pieds ; feuilles ovales ; fleurs blanches d'abord , rouges ensuite , paraissant en mai. Mult. de semences , marcottes et éclats. Terre légère , rocailleuse et sèche.

FOTHERGILLE A FEUILLES D'AUNE (*fothergilla alnifolia*). De la Californie. Arbuste de 2 pieds ; feuilles ovales ; en avril, fleurs blanches, odorantes ; fruit lançant ses semences avec explosion. Mult. de graines et marcottes. Terre de bruyère , humide ; exposition à l'ombre.

FRAGON PIQUANT (*ruscus aculeatus*). Indigène. Arbuste de 2 pieds ; feuilles ovales , persistantes ; fleurs blanches, naissant sur les feuilles , en juin et en décembre. Fruits gros et rouges. Mult. par éclats. Terre légère.

FRAISIER DE L'INDE (*fragaria indica*). Jolie plante , qui diffère seulement des autres fraisiers par la couleur de sa fleur , qui est jaune. Mult. par la séparation des stolons. Terre fraîche et ombragée.

FRANCOA APPENDICULÉE (*francoa appendiculata*). Plante vivace , du Chili ; feuilles pinnatifides , en rosettes ; de mai en juillet , tige simple , terminée par un épi de fleurs roses et striées. Pleine terre ; quelques pieds en orangerie pour plus de sûreté ; mult. de graines et de boutures , au printemps.

FRAXINELLE DICTAME BLANC (*dictamnus albus*). Indigène. Vivace. Tige de 2 à 3 pieds ; feuilles ailées. fleurs en grappes, pourpres, rayées de blanc ou de rouge noirâtre , en juin et juillet. Mult. d'éclats , ou semis en terrine aussitôt que les graines sont mûres ; repiquage du plant en pépinière , et mise en place au bout de deux ans seulement.

FRÊNE (*fraxinus*). Ce genre renferme un grand nombre d'arbres propres à la décoration des jardins. On les multiplie de graines semées aussitôt leur maturité, et on les cultive en terre franche, argileuse, un peu humide. — Le FRÊNE COMMUN (*f. excelsior*), étant souvent attaqué par les cantharides, ne peut être cultivé près des habitations. Mais les variétés JASPÉ (*f. jaspidea*), à branches et tiges marquées de raies jaunes; — DORÉ (*f. aurea*), à branches et rameaux jaunes; — A FEUILLES PANACHÉES (*f. argentea*), à feuilles presque blanches. — PENDANT, PLEUREUR OU PARASOL (*f. pendula*), d'un aspect très-singulier, — sont fort intéressantes. On les greffe sur leur type.

FRITILLAIRE COURONNE IMPÉRIALE (*fritillaria imperialis*). De Thrace. Vivace. Ognon fétide; feuilles lancéolées; tige de 2 pieds, terminée en avril par un faisceau de feuilles, qui surmonte une couronne de fleurs semblables pour la forme à la tulipe, d'un jaune plus ou moins rouge. Mult. par la séparation des caïeux, tous les 2 ou 3 ans. Terre sèche, sans fumier. Parmi les variétés obtenues par le semis, on estime beaucoup les *f. jaune*, *à double couronne*, *à feuilles panachées*, etc.

FRITILLAIRE DAMIER (*f. meleagris*). Indigène. Tige de 8 pouces; feuilles linéaires; fleur solitaire, même forme que la précédente, marquée de carreaux comme un damier, paraissant en mars et avril. Terrain frais et argileux. Variétés à fleurs blanches et à fleurs doubles.

FRITILLAIRE DE PERSE (*f. persica*). Tige de 2 pieds;

en avril, fleurs campanulées, violettes, en grappes. Plus sensible au froid que les précédentes.

FUMETERRE ODORANTE (*fumaria nobilis*). Plante vivace, originaire de la Sibérie. Tige de 15 à 18 pouces; feuilles très-découpées; fleurs en épis, d'un jaune pâle, tachées de rouge, paraissant en avril. Mult. de semis aussitôt la maturité des graines, et d'éclats des touffes ou racines. Arrosements fréquents dans les chaleurs. Terre légère et substantielle. FUMETERRE FONGUEUSE (*f. fungosa*). Du Canada. Tiges de 5 à 6 pieds, grimpantes; feuilles deux fois ailées; panicules de fleurs blanches, à taches rouges, de juin en septembre. Même culture. FUMETERRE BULBEUSE (*f. bulbosa*). Indigène. Vivace. Tige de 5 à 6 pouces; en avril, fleurs rouges, blanches ou gris-de-lin, suivant la variété. Mult. de bulbes, qui doivent être replantées immédiatement. Même culture. FUMETERRE JAUNE (*f. lutea*). Plante indigène et vivace, à tige d'un pied, à feuilles découpées; fleurs blanches ou jaunes, paraissant d'avril en septembre. Terre rocailleuse. Sensible au froid.

FUSAIN COMMUN (*evonymus europæus*). Arbrisseau indigène, de 12 pieds; feuilles ovales; fleurs blanches, en mai; graines orangées renfermées dans une capsule rouge. Variété à feuilles panachées, et à fruits blancs. Mult. de graines semées aussitôt la maturité, de boutures, marcottes, rejetons, et par la greffe. Toute exposition. Même culture pour les espèces: — FUSAIN GALEUX (*e. verrucosus*). Fleurs brunes. — FUSAIN A LARGES FEUILLES (*e. latifolius*). Il a fourni une variété à feuilles panachées.—FUSAIN

POURPRE NOIR (*e. atropurpureus*). Fleurs d'un rouge obscur.

GAILLARDE PEINTE (*gallardia picta*). Très-belle plante vivace ; feuilles de la tige dentées et in-cisées, les supérieures entières ; tout l'été, fleurs larges de deux pouces, d'un rouge cramoisi bordé de jaune. Orangerie ; terre franche légère. Mult., au printemps, de graines, sur couche chaude, ou de boutures étouffées, sur la même couche.

GAINIER ARBRE DE JUDÉE (*cercis siliquastrum*). Cet arbre, de 3ᵉ grandeur, est du midi de la France ; feuilles en cœur ; fleurs roses, légumineuses, pa-raissant avant les feuilles et prenant naissance sur le vieux bois, en avril et mai. Mult. de graines, en rayons, au printemps ; préserver du froid l'hiver, et repiquer en pépinière l'année d'ensuite. Terre légère, exposition chaude.

GALANE BLANCHE (*chelone glabra*). Vivace, de l'Amérique sept. Tige de 3 à 4 pieds ; feuilles oblon-gues ; épis de fleurs blanches, de septembre en oc-tobre. Mult. de semis sur couche, de traces ou d'é-clats ; terre fraîche et franche, à mi-soleil. GALANE OBLIQUE (*c. obliqua*). Tige de 18 pouces à 2 pieds ; feuilles ovales ; épis de fleurs d'un rouge vif, en septembre. Même culture.

GALANTHE D'HIVER (*galanthus nivalis*). Indi-gène. Vivace. Hampe de 6 pouces, terminée, en février, par une ou deux fleurs penchées, blanches, tachées de vert. Mult. par caïeux, tous les trois ans. Terre légère, fraîche ; exposition ombragée.

GALÉ PIMENT ROYAL (*myrica gale*). Arbuste indi-gène, aromatique ; tige de 3 pieds ; feuilles résineuses, cunéiformes ; fleurs mâles en chatons ; les femelles en globules. Mult. de semences, rejetons et marcottes. Terre très-marécageuse.

GALÉGA RUE DE CHÈVRE (*galega officinalis*). D'Italie. Vivace. Tige de 3 à 4 pieds ; feuilles ailées ; épis de fleurs blanches ou bleues, paraissant en juin et juillet. Mult. de graines. Terre fraîche ordinaire. Le *g. orientalis*, dont les fleurs sont plus jolies, se cultive de même.

GATTILIER EN ARBRE (*vitex arborea*). De la Chine. De 15 à 20 pieds ; feuilles quinées ; fleurs en panicule, d'un bleu très-pâle, en septembre. Mult. de semences, de marcottes, et par la greffe. Terre légère, exposition chaude. Même culture pour le *v. agnus castus*, et ses variétés.

GAULTHÉRIE DU CANADA (*gaultheria procumbens*). D'Amérique. Tige rampante, de 8 à 10 pouces ; feuilles ovales, persistantes ; fleurs en grelot, d'un blanc rosé, toute l'année. Ses feuilles, en infusion, ont un goût plus agréable que celui du thé. Mult. de drageons ; terre de bruyère, fraîche et ombragée. Beaucoup de soins.

GAURA BISANNUELLE (*gaura biennis*). D'Amérique. Tige de 4 à 5 pieds ; feuilles lancéolées ; fleurs rouges d'abord, blanches après l'épanouissement, le calice restant rouge. Mult. de semences (souvent la plante se sème d'elle-même) ; terre franche légère.

GAZANIE A GRANDES FLEURS (*gazania ringens*). Petite plante vivace, du Cap ; tige de 8 à 10 pouces ; feuilles linéaires, persistantes ; en août, fleurs grandes, jaunes en dessus, blanches en dessous. Orangerie sèche ; terre franche légère ; arrosements fréquents pendant les chaleurs. Mult. de graines semées sur couche au printemps , ou de marcottes et boutures à talon. Même culture pour la GAZANIE PAVONIA (*gazania pavonia*) dont les fleurs plus grandes , paraissant en mars et avril , sont charmantes ; ainsi que pour la *gazania pectinata*.

GELSÉMIER LUISANT (*gelsemium nitidum*). Des États-Unis. Tige sarmenteuse ; feuilles lancéolées ; fleurs jaunes , odorantes , en juin et juillet. Mult. de graines tirées de son pays natal , sur couche tiède. Terre franche légère , à exposition chaude ; couverture l'hiver.

GENET D'ESPAGNE (*genista juncea*). Arbrisseau de 8 à 9 pieds ; rameaux en forme de jonc ; fleurs jaunes, odorantes , en juillet et août. Mult. de graines en pots , abritées pendant deux ans , plantées ensuite avec la motte. Terre franche légère ; exposition chaude. Variété à fleurs doubles sans odeur.

GENEVRIER COMMUN (*juniperus communis*). Arbrisseau de 12 à 15 pieds , indigène.— GENEVRIER DE SUÈDE (*j. Sueciæ*). Variété du précédent ; feuilles piquantes ; fleurs en mai ; baies allongées. Multip. par la greffe en approche sur le *j. virginiana*, de boutures en automne et à l'ombre , et de semis aussitôt que les graines sont mûres. Terre légère et fraîche. GENEVRIER CADE (*juniperus oxicedrus*). Assez semblable au précédent. Du midi de la France. Ses baies sont grosses et rougeâtres. On en fait de l'huile. Même culture, mais plus sensible au froid. — GENEVRIER CÈDRE DE VIRGINIE (*j. virginiana*). Arbre de 40 à 50 pieds ; feuilles imbriquées ; fleurs en mai et juin ; baies bleuâtres. Même culture.

GENTIANE SANS TIGE (*gentiana acaulis*) Plante vivace, des Alpes, comme les suivantes: tige basse; feuilles persistantes, lancéolées; fleur bleue, solitaire, campanulée, en mai ou en septembre. Mult. de drageons et semences nouvelles; terre légère, exposition ombragée. — GENTIANE JAUNE, OU GRANDE GENTIANE (*g. lutea*). Fleurs jaunes, en roue. — GENTIANE PRINTANIÈRE (*g. verna*). En mai, fleurs d'un beau bleu. Même culture.

GESSE POIS DE SENTEUR (*lathyrus odoratus*). De Sicile. Plante annuelle. Tige grimpante; feuilles ailées; fleurs blanches, roses ou violettes, très-odorantes, toute l'année. Mult. de graines semées au printemps ou à l'automne. Terre ordinaire. — GESSE VIVACE OU A BOUQUET (*l. latifolius*). Indigène. Tige et feuilles comme la précédente; de juillet en septembre, et seulement après la 2me année, fleurs d'un rose vif. Même culture.

GINKGO BILOBÉ (*salisburia adianthifolia*). Arbre du Japon, de première grandeur; feuilles bilobées; fleurs mâles en chaton, fleurs femelles solitaires. Mult. de marcottes, boutures à talon et rejetons. Terre franche, profonde, un peu humide, ombragée. Ce n'est que depuis peu d'années que l'on possède des individus femelles de ce bel arbre.

GIROFLÉE JAUNE (*cheiranthus cheiri*). Plante vivace, très-connue. On cultive les variétés *brune*, *pourpre* et *bâton d'or*. Mult. de boutures et marcottes. Le semis donne peu de doubles, si ce n'est celui d'une variété nouvelle, et dans ce semis on obtient même des couleurs ardoisées et lie-de-vin. Terre légère, substantielle, mêlée de terreau, à bonne exposition. — GIROFLÉE DES JARDINS (*cheiranthus incanus*). Bisannuelle ; fleurs à odeur de girofle, *blanches, roses, rouges, violettes,* etc., suivant la variété, de mai en octobre. Semis sur couche, fin avril et au commencement de mai ; repiquage en pépinière à bonne exposition ; replantage en planches à la fin de juin, et mise en pots au mois de septembre. Pendant l'hiver, il faut les bien garantir du froid et de l'humidité. —GIROFLÉE QUARANTAINE (*cheiranthus annuus*). Annuelle, plus petite que la précédente. Variété *blanche, rose, rouge, violette, lilas, brune.* Semis sur couche en février et mars, en plate-bande jusqu'en juin. Repiquage à bonne exposition ; mise en place quand on peut distinguer les fleurs doubles des simples.—GIROFLÉE GRECQUE OU KIRIS (*cheiranthus græcus*). Variétés annuelles : *rouge, rouge clair, blanche, blanche naine, violette ;* Bisannuelles : *blanche, rouge, violette.*

GLYCINE TUBÉREUSE OU APIOS (*glycine apios*). De la Virginie. Plante vivace ; tiges volubiles, de 8 à 10 pieds ; feuilles lancéolées ; fleurs d'un rouge foncé, panachées en couleur de chair, paraissant de juin en septembre. Mult. par la séparation des tubercules, tous les trois ans. Terre légère ; exposition chaude ; arrosements pendant la végétation ; couverture l'hiver. Les *g. sinensis* et *frutescens* se cultivent de même, et ne craignent pas le froid.

GOMPHRÈNE GLOBULEUSE, AMARANTHINE (*gomphrena globosa*). Annuelle. De l'Inde ; tige de 18 pouces ; feuilles lancéolées ; fleurs en tête, blanches ou roses ou d'un rouge violet, de mai en octobre. Mult. de graines au printemps sur couche chaude ;

repiquage avec la motte. Terre légère et franche ; exposition du midi.

GRENADILLE BLEUE (*passiflora cærulea*). Plante grimpante ; tige de 15 pieds ; feuilles à 5 lobes ; fleurs singulières, blanches, à filets bleus et purpurins. Mult. de marcottes et de boutures étouffées. Culture délicate, en terre meuble, légèrement humide. Il faut de bonnes couvertures contre le froid pour cette espèce et la GRENADILLE INCARNATE (*p. incarnata*), à tige de 30 pieds ; feuilles trilobées ; fleurs bleuâtres.

GROSEILLER ODORANT (*ribes palmatum*). D'Amérique. Arbrisseau de 5 à 6 pieds ; feuilles trilobées ; fleurs jaunes et odorantes, paraissant en avril. Culture des groseillers ordinaires ainsi que pour le GROSEILLER DORÉ (*r. aureum*).

GUIMAUVE COMMUNE (*althea officinalis*). Indigène ; vivace ; fleurs d'un blanc pourpré, de juillet en septembre. Mult. de semences, ou par séparation des racines. Tout terrain.

GYROSELLE DE VIRGINIE (*dodecatheon meadia*). D'Amérique. Vivace. Tiges d'un pied ; fleurs d'un rose vif, au printemps. Mult. de semences ou d'éclats. Terre franche légère, à exposition chaude ; couverture l'hiver.

HAMAMÉLIS DE VIRGINIE (*hamamelis virginica*). Arbrisseau de l'Amérique sept., de 5 à 6 pieds ; feuilles en cœur ; fleurs jaunes, en automne. Mult. de marcottes incisées et de semences. Terre légère, fraîche ; exposition ombragée.

HARICOT D'ESPAGNE (*phaseolus coccineus*). Diffère du haricot ordinaire par la couleur de ses fleurs rouges qui paraissent tout l'été. Sa culture est la

même ; il exige seulement une exposition plus chaude.
— Haricot caracolle ou limaçon (*p. caracolla*). A fleurs blanches, mêlées de rose. Semis sur couche en mars, et repiquage en mai ; exposition très-chaude.

HÉLÉNIE d'automne (*helenium autumnale*). D'Amérique. Vivace. Tige de 5 à 6 pieds ; feuilles lancéolées ; fleurs jaunes, d'août en novembre. Mult. d'éclats. Culture facile.

HELLÉBORE rose de noel (*helleborus niger*). Indigène. Vivace ; feuilles digitées ; fleurs rosacées, paraissant tout l'hiver. Mult. d'éclats ; culture en terre franche, légère ; exposition à demi ombragée.
— Hellébore d'hiver ou helléborine (*h. hyemalis*). Vivace et indigène. Tige de 5 pouces ; feuilles lobées ; fleurs jaunes, à légère odeur, en février et mars. Mult. d'éclats, en automne. Même culture.

HÉLONIAS rose (*helonias bullata*). Du Maryland. Vivace ; feuilles lancéolées ; hampe d'un pied ; épi de fleurs roses, en mai. Mult. d'œilletons en automne, ou de semences au printemps. Terre de bruyère, à exposition demi-ombragée. L'*helonias asphodeloïdes* se cultive de même.

HÉMÉROCALLE jaune (*hemerocallis flava*). Plante vivace, du Piémont ; feuilles nombreuses, longues de 2 pieds ; fleurs comme le lis, mais jaunes et odorantes, paraissant en juin. Variété à feuilles panachées. Mult. par la séparation des racines. Cette espèce et les suivantes se cultivent en terre franche, légère, à exposition ombragée. — Hémérocalle fauve (*h. fulva*). Vivace ; plus grande que la précédente. En juillet, fleurs d'un rouge fauve. Variété à feuilles rayées de blanc. — Hémérocalle du Japon (*h. ja-*

ponica). Vivace; feuilles radicales en cœur; hampe
d'un pied; fleurs blanches, odorantes, en juillet et
août. Mult. de semences ou séparation de racines, en
automne. Culture des précédentes, mais à exposition
du midi. Couverture l'hiver. — HÉMÉROCALLE BLEUE
(*h. cœrulea*). Plante vivace, de la Chine; feuilles cordiformes; hampe de 18 pouces; fleurs en grappes,
d'un bleu violacé. Même culture et précautions contre le froid.

HÊTRE COMMUN (*fagus sylvatica*). Arbre de première grandeur; indigène; feuilles ovales; fleurs
insignifiantes; fruit ressemblant à une petite châ-
taigne triangulaire. On en cultive plusieurs variétés
intéressantes qui se greffent sur celui-ci. Les hêtres
se multiplient de graines stratifiées, que l'on traite
comme celles du châtaignier.

HORTENSIA A FEUILLES D'OBIER (*hortensia opu-
loïdes*). Arbuste de 3 pieds; feuilles ovales persistantes; fleurs roses ou bleuâtres, en ombelle, passant
au blanc sale, paraissant de juin en novembre. Mult.
de rejetons ou de boutures. Culture en terre de
bruyère; exposition du nord : arrosements abondants dans les chaleurs.

HOUX COMMUN (*ilex aquifolium*). Arbre indigène, de 20 à 25 pieds, toujours vert; feuilles ovales,
épineuses; fleurs insignifiantes, en mai et juin; baies
blanches, jaunes ou rouges. Mult. de semences mises en terre aussitôt leur maturité. Culture en tout
terrain. On cultive de même les variétés *panachées* de blanc, de rouge ou de violet; on les greffe
sur le houx commun.

HOVENIA A FRUIT DOUX (*hovenia dulcis*). Du Japon. Arbre à branches horizontales ; feuilles ovales, à trois nervures. Mult. de marcottes. Terre légère ; couverture l'hiver.

HYDRANGÉE A FEUILLES DE CHÊNE (*h. quercifolia*). D'Amérique, ainsi que les suivantes. Arbuste fort joli, de 4 à 5 pieds ; feuilles anguleuses ; panicules de fleurs blanches, en été. Mult. de marcottes, boutures et drageons. Terre légère et fraîche ; couverture pendant les gelées. — HYDRANGÉE ARBORESCENTE (*h. arborescens*). Fleurs blanches, en ombelle. — HYDRANGÉE BLANCHE (*h. nivea*). Même culture.

IBÉRIDE DE PERSE OU THLASPI VIVACE (*iberis semperflorens*). Jolie plante vivace, de 18 pouces, à feuilles épaisses et spatulées ; d'octobre en mars, corymbe de fleurs blanches. Variété charmante, à feuilles panachées. Orangerie ; terre franche légère ; mul. tout l'été de boutures faites à l'ombre.

IF COMMUN (*taxus baccata*). Arbre indigène, toujours vert ; tige de 20 à 30 pieds ; baies rouges. Variété panachée de blanc ou de jaune. Mult. de semences, marcottes et boutures. Terre franche légère, à l'ombre. Cet arbre supporte très-bien la taille.

IMMORTELLE PUANTE (*gnaphalium fœtidum*). Vivace. Originaire du Cap ; tiges de 2 pieds ; feuilles larges et pointues ; fleurs jaunes, de juin en septembre. Mult. de semences sur couche au printemps, ou de boutures, en juin et juillet. Terre légère ; couverture l'hiver.—L'IMMORTELLE JAUNE (*g. orientale*), — et l'IMMORTELLE GLOBULEUSE (*g. eximium*) se cultivent de même. — L'IMMORTELLE BLANCHE (*g.*

margaritaceum) est vivace et se multiplie par ses traces.

IPOMÉE écarlate ou jasmin rouge de l'Inde (*ipomea coccinea*). Plante annuelle , de la Caroline. Tige de 6 à 7 pieds , volubiles ; feuilles en cœur ; fleurs écarlates, campanulées , de juillet en septembre. Semis sur couche au printemps , repiquage en avril et mai. Terre légère , substantielle et chaude. On cultive de même les ipomées quamoclit (*i. quamoclit*), à fleurs d'un rouge vif. — Ipomée nil (*convolvulus nil*). A fleurs bleues. — Ipomée pourpre , *volubilis* des jardiniers (*convolvulus purpureus*). A fleurs blanches en dedans , violacées en dehors.— Ipomée remarquable (*i. insignis*). A fleurs roses en dedans , rouges en dehors.

IRIS d'Allemagne , flamee ou flamme (*iris germanica*). Plante vivace ; tige de 2 pieds ; feuilles distiques et ensiformes ; fleurs successives , bleu violacé, blanches ou jaunes , odorantes dans quelques variétés. Mult. de semences et par séparation de caïeux pour les espèces bulbeuses, de racines pour les tubéreuses. Terre ordinaire. Même culture pour les iris de Florence (*i. florentina*). Fleurs blanches : ses racines exhalent une agréable odeur de violette. — Iris panachée (*i. variegata*). Fleurs blanches , veinées de pourpre. — Iris de Suze , deuil ou tigrée (*i. susiana*). Fleurs d'un violet brun , marbré de pourpre ; sensible à l'humidité , et enfin les espèces *pumila, swertii, fœtidissima , spuria , sibirica , dichotoma, graminea.* Les iris *swertii, lutescens* et *pseudo-acorus* se cultivent dans les terres inondées. Ces plantes ont fourni plus de cent variétés ou espèces à la culture.

ITÉE DE VIRGINIE (*itea virginica*). Arbuste de 3 à 4 pieds; feuilles ovales ; grappes de fleurs blanches, en juin. Mult. de rejetons, de marcottes par strangulation, et de graines obtenues dans son pays. Terre sablonneuse légère ou de bruyère, à l'ombre. On cultive en terre marécageuse l'*itea racemiflora*.

JACINTHE (*hyacinthus orientalis*). Cette plante très-connue a fourni un grand nombre de variétés à fleurs blanches ou roses, bleues, rouges, ou jaunes, ou panachées de ces diverses nuances. Elle se plaît en terre pure de tout engrais, et réussit bien aussi dans les sols sablonneux et légers. On la multiplie de caïeux qu'on a eu soin de dépouiller des parties pourries qu'ils pouvaient contenir et qu'on a fait sécher ensuite. Les ognons se plantent, vers la fin de septembre, à 4 pouces de profondeur et à un demi-pied les uns des autres, en les inclinant de façon à ce que la couronne des racines soit exposée au midi. On couvre avec de la paille ou des feuilles pendant les grands froids.

JASMIN BLANC ORDINAIRE (*jasminum officinale*). De l'Inde. Tige sarmenteuse ; feuilles à 7 folioles ovales ; fleurs blanches et odorantes, de juillet en octobre. Terre ordinaire ; couverture l'hiver. Mult. de semences, marcottes, rejetons ; on greffe quelquefois les autres espèces sur celle-ci.—JASMIN JAUNE (*j. fruticans*). Indigène. Tige de 3 à 4 pieds; feuilles persistantes, simples ou trifoliées ; fleurs jaunes, inodores, de mai en septembre. Même culture.—JASMIN D'ITALIE (*j. humile*). Plus petit ; fleurs d'un jaune plus pâle, plus tardives. Sensible au froid.

JOUBARBE des tours (*sempervivum tectorum*). Plante grasse, indigène; fleurs rougeâtres, en épis, tout l'été. Mult. par la séparation des rosettes ou de boutures dont la plaie est sèche. Terre légère, sèche et rocailleuse; exposition aérée. — JOUBARBE ARACHNOÏDE (*s. arachnoïdeum*). Originaire des Alpes; tige de 6 pouces. Feuilles en rosette, couvertes de poils; fleurs rouges, de juillet en août. Même culture.

JUJUBIER cultivé (*zyziphus sativus*). De Syrie. Arbrisseau épineux, de 12 pieds; feuilles oblongues à 3 nervures; fleurs jaunâtres, en juillet; fruit jaune, en forme d'olive. Semis sur couche chaude; terre légère; couverture pendant les gelées.

JULIENNE des jardins (*hesperis matronalis*). Indigène, bisannuelle; tiges de 2 à 3 pieds; feuilles lancéolées; fleurs blanches ou violettes, simples ou doubles, suivant la variété, de mai en juillet. Mult. de boutures et d'éclats. Terre franche, substantielle; arrosements modérés. — JULIENNE DE MAHON (*hesperis maritima*). Plus petite et annuelle, propre à faire des bordures; fleurs rouges et lilas, puis blanches et violettes, odorantes; se sème de mars en juillet.

KALMIA à larges feuilles (*kalmia latifolia*). Arbrisseau de l'Amérique septentrionale; tige de 6 à 7 pieds; feuilles oblongues; fleurs en corymbe, roses, carnées ou blanches, en juin et quelquefois en septembre. Mult. de graines en terrines et sous châssis, semées aussitôt qu'elles sont mûres; de marcottes, en automne , et de rejetons. Les jeunes sujets de semis sont très-sensibles au froid. Culture en terre de bruyère un peu humide , à demi ombragée. — KALMIA A FEUILLES DE ROMARIN (*k. glauca*). Tige d'un pied à 18 pouces ; feuilles linéaires ; fleurs roses en mai. Même culture. — KALMIA A FEUILLES ÉTROITES (*k. angustifolia*). Tige de 4 à 5 pieds ; feuilles comme la précédente ; en juin et juillet , petites fleurs d'un beau rouge. Variété *à feuilles d'olivier*.

KETMIE DES JARDINS (*hibiscus syriacus*). C'est l'*althæa frutex* des jardiniers. Arbrisseau de 6 à 7 pieds , du Levant ; feuilles à 3 lobes ; fleurs comme celles de la rose trémière , simples ou doubles , blanches , rouges , violettes ou panachées , suivant la variété , et paraissant d'août en septembre. Mult. difficile de boutures , de marcottes , de semis en terrine sur couche tiède au printemps , ou par la greffe. Le jeune plant est sensible au froid. Terre franche légère , un peu fraîche ; exposition chaude.

KŒLREUTERIA PANICULÉE (*kœlreuteria paullinoïdes*). De la Chine. Arbre de 2ᵐᵉ grandeur ; feuilles ailées ; fleurs jaunes , en apparence doubles , paraissant en juin. Mult. de boutures , marcottes , rejetons , et de semis au printemps. Les jeunes plants du semis et des boutures sont très-sensibles au froid. Terre franche , fraîche et légère.

LAMIER ORVALE (*lamium orvala*). Plante vivace , originaire d'Italie. Tiges de 2 pieds ; feuilles en cœur ; fleurs blanches tachées de rouge , en verticilles , d'avril en juin. Mult. d'éclats ou de graines , et repiquage en juillet. Terre franche, légèrement humide; soleil.

LAURIER commun (*laurus nobilis*). Arbre du Levant; tige de 18 à 20 pieds; feuilles lancéolées; fleurs jaunâtres, dioïques, en mai; fruits noirâtres. Mult. de marcottes, rejetons, boutures, et de semis en terrine sur couche chaude. Terre franche légère, au couchant ou au levant; couverture l'hiver, et arrosements abondants dans les chaleurs. Variété *à feuilles panachées, à feuilles crispées, à feuilles étroites.*

LAVANDE commune (*lavandula spica*). Plante du midi de la France, aromatique, à feuilles linéaires; fleurs bleues. On en fait des bordures. Mult. de graines et d'éclats profondément plantés. Terre sèche, légère et chaude. On cultive de même la lavande a larges feuilles (*l. latifolia*).

LAVATÈRE mauve fleurie (*lavatera trimestris*). Plante annuelle, du midi de la France. Tige de 2 à 3 pieds; les feuilles inférieures en cœur, les supérieures anguleuses et à 3 lobes; fleurs blanches ou roses, de juillet en septembre. Semis sur couche tiède. Terre franche, légère, à exposition chaude.

LEDON thé du Labrador (*ledum latifolium*). Arbuste de 3 pieds, aromatique, à feuilles elliptiques, persistantes; fleurs blanches, en avril. Mult. de boutures, rejetons et marcottes. Terre de bruyère, fraîche, à l'ombre.

LIATRIS rude (*liatris squarrosa*). Plante vivace, d'Amérique. Tige de 3 pieds; feuilles linéaires; épis de fleurs purpurines, d'août en octobre. Mult. de graines semées aussitôt qu'elles sont mûres, ou par éclats des touffes. Terre ordinaire. On cultive de même les trois espèces suivantes, originaires d'Amérique et vivaces. — LIATRIS ODORANTE (*l. odoratissima*), de 3 à 4 pieds, à fleurs pourpres, d'août en octobre. — LIATRIS EN ÉPIS (*l. spicata*), de 3 pieds, à fleurs en épis, de même couleur et à la même époque. — LIATRIS ÉLÉGANTE (*l. elegans*), à fleurs lilas, de septembre à octobre.

LIERRE D'IRLANDE (*hedera hibernica*). Arbrisseau grimpant, ressemblant beaucoup au lierre commun, mais à feuilles plus grandes, et à croissance plus rapide. On possède une variété panachée du lierre commun. Ces arbrisseaux, propres à tapisser les vieux murs et les rocailles, se multiplient de graines, de boutures, ou de branches enracinées, et croissent dans tous les terrains.

LILAS COMMUN (*syringa vulgaris*). De Perse. De 10 à 15 pieds, à feuilles en cœur; thyrse de fleurs odorantes, en avril et mai. Mult. de boutures, marcottes et rejetons, quelquefois de graines. Variétés : — *à fleurs blanches simples*, — *id. doubles*, — *à fleurs pourpres*, — *à fleurs tardives*, — *à fleurs pâles*, — *à feuilles panachées*, — *de Marly*, dont les fleurs sont plus grandes et plus foncées que celles du type. — LILAS DE PERSE (*s. persica*). Arbrisseau de 6 à 7 pieds; feuilles ovales; panicules de fleurs rouges, en pyramide, paraissant en mai. Variété *à fleurs blanches, à feuilles laciniées*, avec une sous-variété. — VARIN (*s. rothomagensis*). Variété hybride obtenue du lilas commun et du lilas de Perse. Il en existe une sous-variété, dont les fleurs sont d'un rouge vif. Ces lilas se cultivent comme le premier. — LILAS JOSIKA (*s. josikæa*, JACQ.). Nouvel arbrisseau charmant, de la Transylvanie; feuilles ovales, oblongues, acuminées; fleurs en panicule, violâtres. Même culture.

LIN VIVACE (*linum perenne*). Plante indigène, de 2 pieds; feuilles lancéolées; fleurs bleues, en août. Mult. d'éclats et de semences. Terre franche, légère.

LINAIRE A FLEURS D'ORCHIS (*linaria bipartita*). De Maroc. Annuelle; tige de 18 pouces; feuilles linéaires; jolies fleurs d'un bleu violacé, en été. Mult. de graines au printemps, en place ou sur couche. Terre ordinaire — LINAIRE DES ALPES (*L. alpina*). Bisannuelle. Tiges couchées; feuilles quatre fois ternées, linéaires; fleurs bleu-pourpre, à palais orangé.

LINNÉE BORÉALE (*linnæa borealis*). Des Alpes. Vivace; tiges couchées, de 10 à 12 pouces; feuilles persistantes, crénelées; fleurs roses à l'intérieur et blanchâtres à l'extérieur, odorantes, en mai. Mult. de marcottes ou par la séparation de branches ayant pris racines. Terre de bruyère, fraîche; exposition ombragée; couverture l'hiver.

LIS BLANC (*lilium candidum*). Plante vivace, originaire du Levant. Tige de 3 à 4 pieds, droite; feuilles oblongues; fleurs blanches en juillet. Mult. par séparation de caïeux tous les 2 ou 3 ans, et repiquage de suite. Terre franche, légère. Variétés *à feuilles panachées, — id. bordées, — à fleurs doubles, — à fleurs panachées de rouge, — de Constantinople*, dont les fleurs sont plus petites. On cultive de même les espèces suivantes : — LIS BULBI-

FÈRE (*l. bulbiferum*). Fleurs d'un rouge orangé, plus pâle dans un endroit, pointillées de brun. Variété à *feuilles panachées* et à *fleurs doubles*. — LIS DU JAPON (*lilium japonicum*). Tige de 3 pieds; feuilles radicales lancéolées, de 6 à 8 pouces; fleurs solitaires, blanches en dedans, lavées de rouge extérieurement. — LIS ORANGÉ (*l. croceum*). Originaire d'Autriche. Tige de 3 à 4 pieds; en juin, fleurs d'un jaune rougeâtre, tachées de noir. — LIS GRACIEUX (*l. speciosum*). Originaire du Japon. Tige rameuse; feuilles ovales, éparses; fleurs à corolle roulée, en juillet. — LIS À FEUILLES ÉTROITES (*l. angustifolium*). Des Pyrénées. Tige de 2 à 3 pieds; feuilles étroites, à pédoncules très-longs; fleurs jaunes, à points noirs. — LIS DE POMPONE, LIS TURBAN (*l. pomponium*). Du même pays que le précédent; feuilles verticillées à leur partie inférieure; fleurs rouge-ponceau, en juillet. Terre de bruyère. — LIS DE CHALCÉDOINE (*l. chalcedonicum*). Tige de 2 pieds; feuilles linéaires, blanches sur les bords; fleurs révolutées, de couleur écarlate, ponctuées à l'intérieur, paraissant en juin. — LIS DES PYRÉNÉES (*l. pyrenaicum*). Tige de 2 pieds; feuilles linéaires, éparses; fleurs d'un jaune pâle, ponctuées de rouge brun, en juin ou juillet. — LIS DU CANADA (*l. canadense*). Tige de 3 à 4 pieds; feuilles linéaires, verticillées; fleurs jaunes, tachées de fauve et de noir, en août. — LIS MACULÉ (*l. maculatum*). Originaire du Japon. Tige de 2 à 3 pieds; feuilles éparses, verticillées; fleurs rouges, maculées de pourpre à l'intérieur, en juillet et août. — LIS DU KAMTSCHATKA (*l. kamtschense*). Tige d'un pied; feuilles de la précédente espèce; fleurs à raies pourpres, sans style, en mai. Sensible au froid ainsi que la suivante. — Lis martagon (*l. martagon*). Indigène. Tige de 2 à 3 pieds; feuilles ovales, verticillées; en juillet, fleurs révolutées, pendantes, rouge safrané, à points noirs. Var. *à fleurs pourpres, à fleurs blanches, à fleurs jaune brillant, à fleurs piquetées de blanc, à fleurs piquetées de rouge, et à fleurs doubles*. On cultive encore de même que les premières espèces citées: les lis de Philadelphie (*l. philadelphicum*), à fleurs d'un rouge-orange, en juillet; — lis tigré (*l. tigrinum*), à peu près semblable au précédent, mais plus grand; — lis monadelphe (*l. monadelphum*), à fleurs jaune-citron, ponctuées de rouge, en juin. — Lis superbe (*l. superbum*). Fleurs pendantes, jaunâtres, ponctuées de noir; le limbe est rouge-orange. Terre de bruyère; couverture l'hiver. — Lis concolore (*l. concolor*). Fleur solitaire (quelquefois deux), d'un rouge cocciné. Terre de bruyère, à demi ombragée. — Lis de la Caroline (*l. carolinianum*). Fleurs révolutées, jaunes, tachées d'orange. — Lis de Catesby (*l. catesbæi*). Fleurs mélangées de jaune-citron, d'orangé et de rouge.

LISERON tricolore ou belle-de-jour (*convolvulus tricolor*). D'Espagne. Annuel. Tiges traînantes; feuilles ovales, lancéolées; fleurs à limbe blanc, jaune, bleu, et de couleurs différentes suivant la variété, de juin en septembre. Mult. de graines au printemps. Terre légère; exposition chaude.

LOASA à fleurs orangées (*loasa aurantia*). Plante vivace, volubile; feuilles velues, un peu piquantes, incisées; en été, fleurs jaunes, grandes, très-curieuses, axillaires. Pleine terre à exposition chaude. Mult. annuelle de graines, ou de boutures faites au printemps, si on cultive la plante en orangerie.

LOBÉLIE cardinale (*lobelia cardinalis*). Arbrisseau d'Amérique. Tige de 2 à 3 pieds; feuilles ovales, pointues; fleurs écarlates, de juillet en novembre. Mult. de graines sur couche tiède, aussitôt la maturité; marcottes et boutures. Terre de bruyère: très-sensible au froid; il exige une bonne couverture l'hiver. On cultive de même les *lobelia bellidifolia*, *laurentia*, *inflata*, *crinus*; le *lobelia fulgens*, très-beau et rouge; *lævigata*, également à fleurs d'un beau rouge; *syphilitica*, à fleurs bleues, et *hybrida purpurea*, passant très-bien l'hiver en pleine terre.

LOPEZIE a grappes (*lopezia racemosa*). Du Mexique. Annuelle; feuilles ovales; fleurs d'un rose foncé, de mai en décembre. Mult. de semis sur couche chaude. Terre franche, légère; exposition chaude.

LOTIER rouge (*lotus tetragonolobus*). De Sicile. Annuel, d'un pied; feuilles ternées; fleurs rouge foncé, en juin et juillet. Semis sur couche au printemps. Terre légère et franche, à exposition chaude.

— Lotier de Saint-Jacques (*lotus jacobæus*). Jolie plante bisannuelle et d'Afrique; tiges de 2 à 3 pieds; feuilles trifoliolées; de juin en octobre, fleurs d'un brun foncé, ternées. Orangerie; terre franche, légère. Mult. de semis sur couche en avril, pour repiquer en place en mai.

LUNAIRE monnayère (*lunaria annua*). De la Suisse. Bisannuelle; tige de 3 pieds; feuilles en cœur ; fleurs pourpres ou rouges, en avril et mai. Mult. de graines. Terre et culture ordinaires.

LUPIN VIVACE (*lupinus perennis*). D'Amérique. Tiges de 18 pouces ; feuilles digitées ; fleurs d'un bleu-lilas, en mai et juillet. Mult. par semis en place aussitôt la maturité des graines. Terre légère et chaude. — LUPIN JAUNE (*l. luteus*). De Sicile ; annuel ; tige de 10 à 12 pouces ; folioles ovales ; fleurs jaunes, odorantes, de mai en juillet.

LYCHNIDE CROIX DE JÉRUSALEM (*lychnis chalcedonica*). Vivace, ainsi que les suivantes ; originaire de Russie ; tiges simples, de 3 pieds ; feuilles ovales-lancéolées ; fleurs en forme de croix de Malte, d'un rouge éclatant, paraissant en juin et juillet. Var. *à fleurs blanches, roses, d'un blanc safrané, écarlates, blanches doubles.* Mult. de semences ou de boutures en juin, d'éclats en février ou à l'automne. Terre légère, fraîche et franche.

On cultive encore de même les : LYCHNIDE BRILLANTE (*l. fulgens*), à grandes fleurs rouges, en juin et juillet. — LYCHNIDE A GRANDES FLEURS (*l. grandiflora*). Du Japon ; à fleurs écarlates, en juin et juillet ; elle demande de grands soins l'hiver, et la culture en terre de bruyère, à exposition chaude.

LYCIET DE LA CHINE (*lycium sinense*). Arbrisseau à tige droite et épineuse ; feuilles lancéolées ; fleurs d'un violet pourpre, tout l'été. On en fait de jolies palissades, ainsi que du suivant. Mult. de graines et drageons : terre franche, légère. — LYCIET JASMINOÏDE (*l. barbarum*). Tiges un peu penchées ; feuilles elliptiques ; fleurs d'un blanc rougeâtre. Même culture.

LYSIMACHIE commune (*lysimachia vulgaris*).
Plante indigène. Vivace; tige de 3 à 4 pieds; feuilles opposées ou ternées, lancéolées; fleurs jaunes
en juillet. Mult. par traces; terre humide. — Lysimachie a feuilles de saule (*l. ephemerum*). D'Espagne. Vivace; tige de 4 à 5 pieds; feuilles linéaires, opposées; de juillet en septembre, fleurs blanches. Mult. de graines semées aussitôt la maturité,
et d'éclats. Terre franche, légère et humide, à
bonne exposition.

MAGNOLIER a grandes fleurs (*magnolia grandiflora*). Arbre de 70 à 80 pieds, d'Amérique
comme presque tous ses congénères; feuilles persistantes, ovales; fleurs odorantes, de 7 à 8 pouces de diamètre, blanches, paraissant de juillet en novembre.
Mult. de graines semées en terrine et terre de
bruyère aussitôt la maturité, ou de marcottes ou
par la greffe. Le jeune plant est très-sensible au
froid. Culture en terre franche, substantielle et
profonde; exposition du sud-ouest. — Magnolier
acuminé (*m. acuminata*). D'Amérique; fleurs d'un
bleu jaunâtre, de 3 à 4 pouces. — Magnolier a
feuilles en coeur (*m. cordata*); fleurs d'un jaune
verdâtre. — Magnolier parasol (*m. tripetata*);
fleurs blanches. — Magnolier a grandes feuilles
(*magniola macrophylla*); fleurs blanches de 5
à 6 pouces, les pétales inférieurs tachés de pourpre. — Magnolier auriculé (*m. auriculata*); fleurs
d'un blanc jaunâtre. — Magnolier glauque (*m.
glauca*); fleurs blanches, odorantes. — Magnolier
de Thompson (*m. thompsoniana*); fleurs blanches de
5 à 6 pouces. — Magnolier pourpre (*m. obovata*);

à fleurs pourpres; — MAGNOLIER COTONNEUX (*m. tomentosa*); à fleurs blanches. — MAGNOLIER DISCOLORE (*m. discolor*); à fleurs blanches en dedans, — et sa var. (*m. soulangiana*), à fleurs odorantes. — MAGNOLIER GRELE (*m. gracilis*). De la Chine; à fleurs blanches à l'intérieur, pourpres au dehors.

MARRONNIER D'INDE (*æsculus hippocastanum*). Arbre de l'Asie, de première grandeur, à feuilles digitées, à 7 folioles; fleurs blanches, panachées de rouge, paraissant en mai. Mult. de semences stratifiées comme on fait de celles du châtaignier. Terre fraîche et substantielle. Var. *à fleurs rouges, à feuilles panachées*, qui se greffent sur leur type.

MATRICAIRE MANDIANE (*m. mandiana*). Vivace, ainsi que la suivante; tige de 2 pieds, sous-ligneuse; feuilles ailées-pinnatifides; fleurs blanches, très-doubles, toute l'année. Terre légère. Mult. de graines ou d'éclats.

MAUVE CRÉPUE (*m. crispa*). Plante annuelle, originaire d'Orient; tige de 7 à 8 pieds; feuilles orbiculaires, frisées; fleurs blanches, en juillet. Semis en place aussitôt la maturité des graines : terre ordinaire.

MÉLIANTHE PYRAMIDAL (*melianthus major*). Arbrisseau du Cap, de 6 à 8 pieds; feuilles persistantes; fleurs d'un rouge foncé, en juin et juillet. Mult. de boutures étouffées, rejetons ou marcottes par strangulation. Terre franche, légère; exposition très-chaude, et couverture l'hiver ou orangerie.

MÉLILOT BLEU OU LOTIER ODORANT (*melilotus cærulea*). Annuel et originaire de Bohème; tige de

2 pieds ; feuilles bifoliées ; fleurs bleues, en grappes, paraissant en août. Mult. de graines. Terre légère, à exposition chaude.

MÉLISSE a grandes fleurs (*melissa grandiflora*). Des Alpes ; vivace ; tiges de 2 pieds ; feuilles ovales ; fleurs rouges, de juin en septembre. Mult. de graines et d'éclats. Terre légère, exposition chaude. La Mélisse officinale (*m. officinalis*) se cultive de même.

MÉLITE a feuilles de mélisse (*melittis melissophyllum*). Plante vivace et indigène ; tige d'un pied ; feuilles ovales ; fleurs blanches ou roses, la lèvre inférieure pourpre, en mai et juin. Mult. d'éclats, ou semis au printemps ; terre légère, fraîche et ombragée.

MÉNISPERME du Canada (*menispermum canadense*). Arbrisseau à tige volubile, ainsi que les suivants ; feuilles en cœur ; fleurs verdâtres, en juin et juillet. Mult. de traces, d'éclats et de boutures. Terre ordinaire. Les *m. virginicum* et *carolinianum* se cultivent de la même manière.

MENTHE poivrée (*mentha piperita*). Plante vivace très-connue, et originaire d'Angleterre. Mult. de drageons ou d'éclats ; semis en terre légère et ombragée, au printemps. Terre ordinaire, ainsi que pour la *mentha sativa*.

MENZIEZIA a feuilles de polium (*menzieza poliifolia*). Du midi de la France. Arbuste à tiges rampantes, toujours vert ; feuilles ovales, petites ; fleurs pourpres, en été. Mult. de marcottes, terre de bruyère, à exposition demi-ombragée.

MÉRATIER du Japon, ou CALYCANTHE ODORIFÉRANT

(*meratia fragrans*). Du Japon. Arbrisseau de 12 à 15 pieds ; feuilles ovales ; fleurs d'un blanc sale, odorantes, paraissant tout l'hiver. On en cultive une variété à fleurs plus grandes. Mult. de rejetons ou de marcottes. Terre légère et fraîche, ou de bruyère, à exposition un peu ombragée.

MÉRENDÈRE bulbocode (*merendera bulbocodium*). Vivace, originaire des Pyrénées ; fleurs radicales, blanches au commencement, puis rouges ensuite, paraissant en mars. Mult. de caïeux et de graines. Terre fraîche, légère. Le *m. tigrina* se cultive de même.

MICOCOULIER de Provence (*celtis australis*). Du midi de la France. Arbre de 45 à 50 pieds ; feuilles ovales, acuminées ; en avril, fleurs verdâtres ; fruit ovale, d'un rouge noirâtre, comestible. Semis en pot aussitôt la maturité des graines ; le jeune plant est très-sensible au froid les premières années. Terre profonde, franche, humide et chaude. — Les Micocouliers d'Orient (*c. orientalis*), à fruit jaune ; — d'Occident (*c. occidentalis*), à fruit rouge obscur, se cultivent de même.

MILLEPERTUIS à grandes feuilles (*hypericum calycinum*). Petit arbuste de l'Orient ; feuilles oblongues ; fleurs jaunes, de juin en septembre. Mult. de graines et marcottes, de boutures en été, d'éclats en automne. Terre franche, légère ; exposition demi-ombragée. — On cultive de même les *hypericum rosmarinifolium*, *macrocarpum*, *elegans*, *pyramidatum*, *hirsutum*, *olympicum*, etc.

MIMULE de Virginie (*mimulus ringens*). De

l'Amérique septentrionale. Plante vivace ; tige de 1 à 2 pieds; feuilles lancéolées ; fleurs bleues, de juillet en août. Mult. de graines semées aussitôt la maturité, ou d'éclats. Terre légère, humide ; exposition à demi ombragée. — MIMULE PONCTUÉ (*mimulus guttatus*). Plante vivace, du Pérou ; tiges d'un pied ; feuilles ovales ; de mai en août, fleurs d'un beau jaune, grandes, ponctuées de rouge. Pleine terre de bruyère, avec couverture l'hiver. Mult. au printemps, de graines ou d'éclats. Même culture pour le *mimulus viscosus*.

MITCHELLA RAMPANTE (*mitchella repens*). Arbuste rampant, à tiges radicantes ; feuilles ovales, persistantes; fleurs blanches et odorantes, en juin ; fruits rouge vif. Mult. de graines, de marcottes, de tiges enracinées et marcottes étouffées. Terre de bruyère, humide, à demi ombragée.

MOLÈNE POURPRÉE (*verbascum phœnicum*). Du midi de l'Europe. Bisannuelle. Tige de 18 pouces ; feuilles ovales ; fleurs d'un rouge bleuâtre, de mai en juillet. Var. *à fleurs pâles* et *à fleurs roses*. Mult. de semis aussitôt que les graines sont mûres ; terre légère, substantielle ; exposition au levant.— MOLÈNE FERRUGINEUSE (*v. ferrugineum*). Du même pays, vivace; tige de 3 à 4 pieds ; feuilles rugueuses ; fleurs ferrugineuses, de mai en août. Même culture.

MONARDE FISTULEUSE (*monarda fistulosa*).Plante vivace, du Canada. Tige de 4 à 5 pieds ; feuilles en cœur ; fleurs d'un pourpre pâle, de juillet en août. Var. *à fleurs blanches*. Mult. d'éclats en automne. Terre légère et substantielle, à demi ombragée ;

couverture l'hiver. — Monarde a fleurs rouges ou thé d'Oswégo (*monarda dipyma*). D'Amérique ; vivace ; tiges de 18 pouces ; feuilles ovales ; fleurs d'un rouge vif, de juin en août. Même culture. — La Monarde ponctuée (*m. punctata*), bisannuelle, à fleurs jaunes à points rouges, se multiplie de graines semées sur couche tiède en avril, et se cultive comme les précédentes.

MORÉE de la Chine ou iris tigrée (*moræa sinensis*). Plante bulbeuse, à feuilles gladiées ; hampe de 18 pouces, terminée par des fleurs jaunes tachées de rouge. Mult. de graines et d'éclats au printemps. Terre franche légère ; couverture l'hiver. — Morée iridiforme (*m. iridioïdes*). De Constantinople. Tige d'un pied ; feuilles en éventail, persistantes ; fleurs blanches, ponctuées et tachées de jaune, paraissant en juin et juillet. Même culture.

MUFLIER des jardins (*anthirrinum majus*). Bisannuelle ; tiges de 2 pieds ; feuilles lancéolées ; fleurs pourpres, à palais jaune. Variétés : *bicolor*, *tricolor*, *fulgens*, pourpre, etc. Mult. de semences, boutures et éclats. Terre ordinaire.

MUGUET de mai (*convallaria maïalis*). Plante indigène et vivace ; hampe de 6 à 8 pouces ; feuilles ovales ; fleurs blanches en grelot, odorantes, paraissant en mai et juin. Var. *à fleurs doubles, à fleurs rouges*, à feuilles panachées, sans odeur. Mult. de rejetons. Terre fraîche et ombragée. Le *convallaria japonica*, à fleurs blanches, petites et inodores, se cultive de même.

MUSCARI a grappes (*m. racemosum*). Indigène. Vivace ; feuilles linéaires ; en avril, fleurs bleu foncé ; terre ordinaire. Mult. par caieux.—MUSCARI MONSTRUEUX (*m. monstruosum*). Du midi de la France ; vivace ; tige de 8 à 10 pouces ; feuilles planes ; fleurs bleues, en juin. Même culture.

MYOPORE A PETITES FEUILLES (*myoporum parviflorum*). Joli arbuste de 2 à 3 pieds, de la Nouvelle-Hollande ; feuilles charnues, linéaires ; tout l'été, fleurs petites, blanches. Orangerie éclairée ; terre légère, substantielle. Mult. de marcottes et boutures au printemps.

NAPÉE LISSE (*napæa lævis*). Vivace ; d'Amérique ; tige de 6 à 7 pieds ; feuilles lobées ; fleurs blanches, en août et septembre. Mult. d'éclats ou de semis sur plate-bande terreautée. Terre profonde. Même culture pour le *n. scabra*.

NARCISSE DES POÈTES (*narcissus poeticus*). Cette espèce et les suivantes sont de jolies plantes bulbeuses. Celle-ci est indigène ; en mai, fleur solitaire, blanche, odorante, à godet bordé de rouge. On en cultive une variété à fleurs doubles. Les narcisses se multiplient de caieux séparés en juillet, en levant les ognons. Il est absolument nécessaire de les replanter en octobre, surtout ceux des variétés à fleurs doubles. Terre un peu fraîche et franche ; arrosements pendant les chaleurs. — NARCISSE JONQUILLE (*n. jonquilla*). De la France méridionale. En avril, fleurs jaunes, odorantes, simples ou doubles. Cette espèce exige quelques soins de plus que les autres ; il lui faut, pour bien réussir, une terre composée d'un tiers de terreau consommé, un tiers de terreau de feuilles, et le dernier tiers de terre franche. Les ognons doivent être plantés à 3 pouces, en septembre, en prenant des précautions pour qu'ils ne s'enfoncent pas davantage, et être relevés après la dessiccation des feuilles. — NARCISSE FAUSSE JONQUILLE (*n. pseudo-jonquilla*). Assez semblable au précédent, mais à fleurs simples et sans odeur. Culture de la première espèce. — NARCISSE DOUTEUX (*n. dubius*). Fleurs blanches à couronne tronquée. Même culture, ainsi que pour les *n. odorus*, *trilobus*, *orientalis*, etc., etc.

NÉFLIER AZÉROLIER (*mespilus azarolus*). Arbre de 20 pieds, originaire du Levant; feuilles à 3 lobes; en mai et juin, fleurs blanches; fruits rouges ou jaunes, comestibles. Mult. de graines semées aussitôt qu'elles sont mûres, de marcottes, ou par la greffe sur l'aubépine. Terre franche légère, ou même ordinaire. Les espèces suivantes se cultivent de même : *m. crus-galli*, *oxiacantha* ou aubépine, et ses variétés à fleurs doubles blanches, ou roses simples : *corallina*, *japonica*, *pyracantha* ou buisson ardent, etc.

NÉNUPHAR BLANC OU LIS D'ÉTANG (*nymphæa alba*). Plante indigène et aquatique. Feuilles en cœur, flottantes; jolies fleurs blanches, en juin et août. On la multiplie en jetant ses graines dans l'eau des bassins où on veut la planter, ou en mettant ses racines dans la vase.

NERPRUN ALATERNE (*rhamnus alaternus*). Arbrisseau indigène, de 10 à 12 pieds; feuilles persistantes; fleurs verdâtres, en avril et juin. On cultive aussi ses var. *angustifolius*, *hispanicus*, *aureo-variegatus*, *maculatus* et *albo-variegatus*. Mult. de graines, lentes à lever, de rejetons, de boutures et marcottes. Terre forte, médiocre, fraîche, ombragée et exposée au nord.

NÉSÉE à feuilles de saule (*nesea salicifolia*). Arbrisseau de 8 à 9 pieds, originaire du Pérou, à feuilles lancéolées ; fleurs jaunes, en été. Mult. de graines et boutures ; terre légère ; couverture l'hiver.

NIGELLE de Damas (*nigella damascena*). Annuelle ; du midi de la France. Tige de 18 pouces ; fleurs d'un bleu pâle, paraissant de juin en septembre ; graines odorantes. Var. *à fleurs bleues, doubles et à fleurs blanches*. Mult. par semis en. place. Terre légère et chaude ; arrosements abondants. — Les nigelles d'Espagne (*n. hispanica*), à fleurs bleues ; — toute-épice (*n. sativa*), à graines dont on fait usage en cuisine ; — d'Orient (*n. orientalis*), dont les fleurs sont jaunes, se cultivent de la même manière.

NIVÉOLE du printemps (*leucoïum vernum*). Plante bulbeuse, vivace, à feuilles linéaires, radicales ; en mars, fleurs blanches, à bords verts. Mult. par séparation des caïeux tous les 5 ans, en juillet ; on les replante en septembre. Terre fraîche légère. On cultive de même les *l. trychophyllum*, à fleurs roses ; —*æstivum*, à fleurs blanches, et *autumnale*. Cette dernière a besoin d'être couverte l'hiver.

NOYER noir (*juglans nigra*). D'Amérique. Arbre de première grandeur ; feuilles à 15 ou 18 folioles ; fruits à cloisons ligneuses ; croissance rapide. Sa culture est la même que celle du noyer commun. Il en est de même des espèces suivantes : *j. olivæformis, cinerea, alba, fraxinifolia*, etc. etc.

OEILLET des fleuristes (*dianthus caryophyllus*). Cette belle plante, originaire d'Afrique, est trop connue pour que nous la décrivions ici dans tous ses détails ; les nombreuses et jolies variétés qui en ont été obtenues sont divisées par les amateurs en 4 classes : 1° L'*œillet à ratafiat, grenadin*, dont on se sert pour parfumer les liqueurs.— 2° L'*œillet à carte*, ainsi nommé parce qu'on est obligé de soutenir son calice avec des cartes, pour empêcher les pétales de le crever et de donner ainsi à l'œillet un aspect désagréable. 3° L'*œillet flamand*, à pétales arrondis et non dentés. 4° Enfin l'*œillet à fond janne*, l'*œillet bicolore*, à deux couleurs sur un fond tranchant ; l'*œillet tricolore*, à trois couleurs détachées sur le fond. La pureté des couleurs des œillets ne se maintient pas toujours ; c'est aux soins de la culture à les ramener à leur beauté primitive ; il est nécessaire pour cela de marcotter la plante, et de faire passer l'hiver en pots à ces marcottes ; on les replante ensuite au printemps en leur donnant de grands soins. Les œillets se multiplient de marcottes à talon ou de boutures ; les marcottes se font à la fin de juillet ou au commencement de septembre. Pour obtenir de nouvelles variétés, il faut semer en caisse ou en terrine, dans de la terre franche mêlée d'un tiers de terreau bien passé, ou mieux en terre de bruyère. Le plant, qu'on lève dès qu'il a quelques feuilles, se repique en terre franche bien ameublie et fumée, à 8 pouces de distance. On donne beaucoup de soins jusqu'à l'automne à cette plantation. Les œillets craignent bien moins les gelées que l'humidité, dont on doit

les préserver autant qu'il est possible. Il faut avoir
soin d'enlever les feuilles pourries. Il faut aux œillets l'exposition du midi ou du levant. On peut les
cultiver en pots de 7 à 8 pouces de diamètre ; ou a
soin de leur mettre des tuteurs, et d'enlever une
partie des boutons qui se forment, afin de donner
plus de force aux trois ou quatre qu'on laisse sur
le pied. Du reste, nous nous bornons ici à indiquer
la culture de l'œillet telle qu'elle est pratiquée par
les amateurs et les jardiniers de Paris ; mais comme
cette plante est une de nos spécialités favorites, et
que nous avons apporté dans sa culture et dans sa
synonymie des réformes importantes que nous ne
pouvons, faute de place, enseigner ici, nous ren-
voyons le lecteur à l'ouvrage que nous venons de
publier sous le titre de *Traité des œillets et de leur
nouvelle classification*, etc., chez Audot, lib.

OEILLET LIGNEUX (*d. lignosus*). Assez semblable
au premier. Tiges un peu ligneuses ; fleurs blanches ou puces, ou panachées de ces deux couleurs,
pendant toute la belle saison. On l'étale souvent sur
un treillage.—OEILLET LACINIÉ (*d. plumarius*). Des
Alpes. Vivace, à feuilles étroites ; fleurs odorantes,
en juin. Var. *à fleurs simples*, à fleurs rouges ou
roses, doubles. On pense que l'*œillet mignardise*,
dont on fait de si jolies bordures, l'*œillet de mai*,
et l'*œillet éclatant*, à fleurs d'un rouge vif, sont
des variétés de cette espèce. — OEILLET SUPERBE (*d.
superbus*). Des Alpes. Vivace. Tige de 15 à 18 pouces ; fleurs blanches ou couleur de chair, le limbe
des pétales frangé, paraissant de juillet en octobre.
—OEILLET BOUQUET OU DE POÈTE (*d. barbatus*). D'Al-

lemagne. Trisannuel. Fleurs en ombelle plate, blanches, roses, rouges ou panachées, simples ou doubles, paraissant en juin et juillet. L'ŒILLET D'ESPAGNE (*d. hispanicus*), a beaucoup de rapport avec celui-ci; ses fleurs sont rouges; plus doubles, et elles exhalent une odeur agréable. — ŒILLET A FEUILLES DE PAQUERETTE (*d. pulcherrimus*). Jolie plante vivace, de la Chine. Feuilles en spatule; tige de 3 pouces, terminée par des fleurs agglomérées, d'un rouge vif. Terre de bruyère; couverture l'hiver.

OLIVIER D'AMÉRIQUE (*olea americana*). Arbre de la Caroline; arbuste en France; feuilles persistantes, elliptiques; fleurs odorantes, d'un jaune pâle, paraissant en juin; fruits bleu rougeâtre. Terre ordinaire.

ONOPORDE D'ARABIE (*onopordium arabicum*). Plante bisannuelle; tiges de 3 pieds; feuilles blanches; têtes de fleurs blanches. Semis au printemps. Terre ordinaire.

ORIGAN DICTAME DE CRÈTE (*origanum dictamnus*). Plante originaire du mont Ida; aromatique et vivace. Tige de 18 pouces; feuilles persistantes, orbiculaires; fleurs purpurines, tout l'été. Mult. d'éclats, boutures et semences. Terre légère; exposition chaude. On cultive de même l'ORIGAN MARJOLAINE (*o. majoranoïdes*), dont on se sert en cuisine.

ORME CHAMPÊTRE (*ulmus campestris*). Arbre indigène, de première grandeur; feuilles à 2 dents; fleurs conglomérées, en avril et mai. On cultive les variétés suivantes: *pyramidal, pleureur, ormille, tortillard, tilleul, à feuilles étroites et rudes,* — glabres, — capuchonnées, — tachées, — pana-

chées , — crépues. Terre franche , légère et profonde , à exposition aérée , et mult. de graines semées à la surface de la terre aussitôt qu'elles sont
mûres, de marcottes et par la greffe sur le type. On
cultive de même les : *u. americana , suberosa ,
integrifolia, pedunculata, rubea, alata , pumila.*

ORNITHOGALE à OMBELLE, DAME D'ONZE HEURES (*or-
nithogalum umbellatum*). Plante bulbeuse, vivace;
feuilles canaliculées ; en mars et avril, fleurs blanches
qui s'ouvrent à onze heures du matin. Mult. par séparation des caïeux en automne; terre fraîche, légère et
franche. Un peu d'ombre. — ORNITHOGALE PYRAMIDAL
(*o. pyramidale*). Indigène. Hampe de 18 pouces ;
feuilles molles, longues ; épi de fleurs blanches, à la
fin de juin. Même culture.

OROBE PRINTANIER (*orobus vernus*). Plante indigène : vivace; tige de 10 à 12 pouces ; feuilles pinnées; fleurs purpurines, en mars. Mult. par semis
en automne , et repiquage en place au printemps,
ou d'éclats. Terre ordinaire. Même culture pour
l'orobus varius.

PACHYSANDRE COUCHÉ (*pachysandra procumbens*). D'Amérique. Plante vivace ; tige d'un demi-
pied; feuilles ovales ; épis de fleurs roses , odorantes. Mult. d'éclats et rejetons. Terre légère ou de
bruyère.

PALIURE ARGALOU, PORTE-CHAPEAU (*paliurus aculeatus*). Arbrisseau de la France méridionale ; tige
épineuse; feuilles à 3 nervures; fleurs jaune, en
juin et juillet ; fruits à bords ailés. Semis en pots
sur couche, dès que les graines sont mûres , ou

mult. de rejetons. Le jeune plant exige une couverture l'hiver. Terre sèche et chaude.

PANCRATIER maritime, ou lis narcisse (*pancratium maritimum*). Plante bulbeuse du midi de la France. Hampe d'un pied ; feuilles lingulées ; fleurs blanches, odorantes, au nombre de 4 ou 5, en juillet et août. Culture des amaryllis, en terre chaude, sablonneuse, avec couverture l'hiver. — Pancratier de dalmatie (*p. illyricum*). Du même pays. Feuilles spatulées ; fleurs blanches, odorantes, en juin. Même culture.

PANICAUT améthyste (*eryngium amethystinum*). Du midi de la France. Plante vivace ; tige de 3 pieds ; feuilles trifides, épineuses ; fleurs bleues, en juillet et août. Mult. de graines ou drageons. Terre légère ; au midi. — Panicaut des alpes (*e. alpinum*). Également vivace ; tige de 2 à 3 pieds ; fleurs d'un beau bleu, en juillet et août. Même culture.

PARNASSIE des marais (*parnassia palustris*). Indigène, vivace ; feuilles radicales en cœur ; fleur solitaire, blanche, à nectaire et cils jaunes ; terre de bruyère ou tourbeuse, que l'on arrose continuellement. Mult. par éclats.

PAVIER rouge (*pavia rubra*). D'Amérique. Arbrisseau de 15 à 20 pieds. Feuilles à 5 digitations ; fleurs rouge foncé, en girandole, en mai. Semis en terrine ; le jeune plant est sensible au froid. Mult. de marcottes ; greffe en écusson sur le maronnier d'Inde. Terre légère et fraîche ; exposition aérée. On en cultive une variété, *hybrida*. — Pavier doux

(*p. macrostachys*). Du même pays. Feuilles digitées, cotonneuses en dessous; grappes de fleurs
blanches, odorantes, en juillet et août; fruits mangeables, semblables à de petites châtaignes. On cultive de même les — Pavier jaune (*p. lutea*), à fleurs
jaune pâle, et dont on a obtenu une var. à *fleurs
rouges*; — de l'Ohio (*p. ohiotensis*), à fleurs blanches; — Écarlate (*p. scarlatina*), à fleurs rouges;
— Discolore (*p. discolor*), encore peu connu.

PAVOT des jardins (*papaver somniferum*). Du
midi de l'Europe. Plante annuelle, de 2 à 4 pieds;
feuilles amplexicaules, glauques; fleurs simples ou
doubles, très-grandes, de toutes couleurs (moins le
noir et le bleu), suivant la variété, et paraissant en
juillet et août. Mult. par semis en place au printemps si l'on veut obtenir des fleurs d'automne, et
en automne pour en avoir en juin et juillet. Terre
ordinaire. — Pavot coquelicot (*p. rhœas*). Indigène,
annuel; tige de 18 pouces à 2 pieds; feuilles incisées; fleurs d'un beau rouge, simples ou doubles,
ou de plusieurs couleurs, paraissant en juin et
juillet. Même culture. — Pavot a bractées (*p. brac-
teatum*). Du Levant. Vivace; tiges de 2 à 3 pieds;
feuilles pinnées; fleurs très-grandes et d'un rouge
extrêmement vif, en juin. Mult. par la séparation
des rejetons, et culture des précédents. Même culture pour les — *p. orientale*, — *nudicaule* — et
cambricum.

PÊCHER a fleurs doubles (*amygdalus persica*,
var. *flore-pleno*). Semblable au pêcher ordinaire,
dont il ne diffère que par les fleurs grandes, roses,
et semi-doubles. En septembre, il donne des fruits.

— Pêcher nain (*a. nana*). Cet arbuste, de 18 pouces à 2 pieds de haut, donne des fleurs simples ou doubles et produit des fruits. La culture de ces deux espèces ne diffère pas de celle du pêcher ordinaire.

PENTAPÈTES écarlate (*pentapetes phœnicea*). De l'Inde, annuelle; tige de 4 à 5 pieds; feuilles hastées; fleurs écarlates, en août. Semis sur couche chaude en pots, au printemps; mise en place avec la motte. Terre légère et franche, à chaude exposition.

PERIPLOCA de la Grèce, arbre a soie (*periploca græca*). Arbrisseau à tiges volubiles et sarmenteuses, de 25 à 30 pieds; feuilles ovales opposées; fleurs purpurines bordées de vert, en août. Mult. de marcottes, graines, boutures et drageons. Terre ordinaire; mi-soleil. On en fait des berceaux.

PERSICAIRE d'Orient (*polygonum orientale*). Tige de 6 à 8 pieds, simple; feuilles ovales; épis de fleurs d'un beau rouge, d'août en octobre. Mult. de graines semées au printemps. Terre ordinaire.

PERVENCHE (grande) (*vinca major*). Jolie plante indigène. Vivace; tiges de 2 à 4 pieds, traînantes ou penchées; feuilles ovales, persistantes; fleurs blanches, ou bleu pâle, ou panachées, paraissant de mai en septembre. Mult. de rejetons et de graines. Terre fraîche, à l'ombre. Même culture pour les suivantes: — Pervenche (petite) (*v. minor*) En tout semblable à la précédente, mais plus petite, et donnant ses fleurs tout l'été. On en a obtenu les var. suivantes: *à feuilles dorées, — argentées, — larges; à fleurs blanches, — rouges, — pleines, — blanches précoces.*

PÉTUNIE ODORANTE (*petunia nytaginiflora*). Plante visqueuse, à tige de 2 à 3 pieds; feuilles ovales, trinervées; en été et en automne, fleurs grandes, en entonnoir, blanches, odorantes. Orangerie; terre franche, légère, substantielle. Mult. facile de graines, d'éclats et de boutures. Même culture pour la — *petunia violacea* et leurs nombreuses variétés : — *superba*, — *argentea*, etc.

PEUPLIER (*populus*). Ces arbres se recommandent par leur beauté pour l'ornement des jardins. On les multiplie de boutures, de marcottes, de rejetons, ou par la greffe. Ils se plaisent dans une terre fraîche, légère, argileuse et humide. Nous donnons ici les noms des principaux, dans l'ordre de leur grandeur : — *populus alba*, — *tremula*, — *nivea*, — *tremuloïdes*, — *monilifera*, — *fastigiata*, — *ontariensis*, — *grandidentata*, — *angulata*, — *graeca*, — *viminea*, — *nivea*, — *heterophylla*, — *trepida*, — *balsamifera*, — *suaveolens*.

PHALANGÈRE RAMEUSE (*phalangium ramosum*). Vivace, du midi de la France; hampe rameuse; feuilles linéaires, subulées; fleurs liliacées, comme les suivantes, blanches, en juin. Mult. par la séparation des racines après la chute des feuilles, ou de semences. Terre légère et substantielle. — PHALANGÈRE LIS DE St-BRUNO (*p. liliastrum*). Hampe de 18 pouces; feuilles planes; fleurs blanches, campanulées, en juin. Même culture; exposition chaude. — PHALANGÈRE BICOLORE (*p. bicolor*). Feuilles planes; hampe comprimée, de 2 pieds; fleurs en panicules, blanches à l'intérieur, rouges en dehors. Terre sablonneuse. PHALANGÈRE À GRAPPES (*p. liliago*).

Feuilles planes ; fleurs blanches, en juin. Même culture que la première.

PHLOMIS TUBÉREUX (*phlomis tuberosa*). De Sibérie. Plante vivace ; tige de 4 pieds ; feuilles radicales en cœur ; fleurs rouges, en juin et septembre. Mult. par la séparation triennale des tubercules. Terre légère et chaude ; arrosements abondants pendant les chaleurs. — PHLOMIS LYCHNIDE (*phlomis lichnitis*). Arbuste du midi de la France ; tige de 12 à 15 pouces ; feuilles ovales ; fleurs jaunes, vers la fin de l'été. Mult. de graines, marcottes, boutures étouffées sur couche tiède ; terre substantielle, légère et chaude ; couverture l'hiver. Même culture pour les — *p. fruticosa*, à fleurs jaunes verticillées, de juillet en septembre. On cultive les var.—*à feuilles étroites,* — *larges,* — *rouillées,* — *laciniata,* — *herba-venti* — et *alpina*.

PHLOX PANICULÉ (*phlox paniculata*). Toutes les plantes de ce genre sont originaires de l'Amérique du Nord. Tige de 3 à 4 pieds ; feuilles lancéolées ; fleurs lilas ou rouge pâle, d'août en septembre. On en a obtenu une variété *à fleurs blanches* et une *à feuilles panachées*. Mult. par séparation de racines au printemps, de boutures en pots. Terre franche et fraîche. Le jeune plant doit être préservé du froid la première année. Cette culture est aussi celle des espèces suivantes : — *p. pilosa ;* fleurs lilas pâle, en juin et juillet ; — *reptans ;* fleurs bleu pâle ou violacées, en mars et avril ; — *maculata ;* fleurs violâtres, en août et septembre ; — *ovata ;* grandes fleurs d'un rouge éclatant, en juillet ; — *decussata ;* fleurs lilas, pâle aux bords, foncé au centre, de septembre en octobre; — *suaveolens;* fleurs blanches, à légère odeur, de juin en juillet; — *divaricata;* fleurs bleues, au printemps; — *pyramidalis;* fleurs purpurines, en juin et juillet; — *amœna;* fleurs roses, en automne; — *undulata;* fleurs bleuâtres, en août; — *glaberrima;* fleurs d'un rouge clair, de juin en août; — *setacea;* fleurs roses, rouges au centre, en juin et juillet; — *carolina;* fleurs purpurines, de juillet en septembre; — *subulata;* d'avril en mai, fleurs roses, la base du limbe contenant une étoile pourpre.

PHYTOLACCA commun, raisin d'ours (*phytolacca decandra*). Indigène; vivace; tige rameuse, de 5 à 6 pieds; feuilles pointues-ovales; grappes à fleurs rougeâtres et blanches, en août et septembre; baies rouges. Semis sur couche au printemps, ou séparation des racines vers le même temps. Terre franche, à exposition chaude; arrosements pendant la pousse.

PIGAMON a feuilles d'ancolie (*thalictrum aquilegifolium*). Des Alpes. Vivace; tige de 5 à 6 pieds; feuilles ailées, à folioles à 3 lobes obtus; fleurs vertes; étamines nombreuses à anthères jaunes et filets blancs, formant aigrette; var. à étamines lilas et roses. Mult. de semences, drageons ou éclats. Terre substantielle et légère; exposition à demi ombragée.

PIN (*pinus*). Ces arbres, très-connus, font le plus grand effet dans les jardins paysagers. Ils se multiplient de graines, semées en terrine ou en terre de bruyère, aussitôt qu'elles sont mûres, à l'ombre et avec un arrosement convenable. Le jeune plant se lève avec la motte l'année suivante ; on le replante en pépinière avec le plus grand soin , à 2 ou 3 pieds d'écartement , en attendant la mise en place. Tous les terrains conviennent à peu près pour cette culture ; néanmoins on doit préférer les terres légères et franches, sablonneuses et un peu humides. Les localités élevées et froides conviennent parfaitement. On divise les pins en trois catégories, suivant qu'ils sont à deux, trois ou cinq feuilles, et nous nous bornerons ici à les citer : 1° Pins à deux feuilles, *sylvestris*. Var. *rubra* , *genevensis* , *navalis* , *tatarica et montana* ;—*laricio* , var. *calabra*. — *Pinaster* ; — *pinea* ; —*massoniana* ; —*resinosa* ; — *alepensis* ; — *inops* ; —*divaricata* ; — *maritima* ; — *uncinata* ; — *pumilo* ;— *variabilis*. — 2° Pins à feuilles ternées. *Tœda* ;— *rigida*. 3° Pins à 5 feuilles. *Strobus* ;—*occidentalis* ;— *cembro*.

PINKNEYA PUBESCENT (*pinckneya pubescens*). Arbrisseau de la Géorgie ; feuilles ovales ; pubescentes à la partie inférieure ; fleurs blanches à raies pourpres. Mult. de semences sur couche tiède , de marcottes ou de boutures étouffées ; couverture l'hiver les premières années. Terre fraîche légère, ou de bruyère.

PISTACHIER TRIFOLIÉ (*pistacia trifolia*). C'est le *pistacia vera* des jardiniers. De Syrie ou de Sicile. Arbre de 20 pieds ; feuilles simples ou ternées ; fleurs rouges , en avril et mai ; fruits employés par les confiseurs , et qui ont reçu le nom de *pistaches*. Var. *narbonensis* , plus petit. Mult. par semis sur couche chaude , ou de marcottes ; le jeune plant est sensible au froid. Terre franche légère, à exposition chaude. — PISTACHIER TÉRÉBINTHE (*pistacia terebinthus*). De la France méridionale ; arbre de moyenne grandeur ; feuilles pinnées avec impaire ; fleurs purpurines, en juin et juillet.

PIVOINE (*pæonia*). Ce genre renferme de fort jolies plantes, tubéreuses, à racines vivaces. On les multiplie par la séparation des tubercules ou de marcottes. Le semis fait obtenir un grand nombre de variétés. Terre substantielle, légère et franche, renouvelée tous les deux ou trois ans. Arrosements pendant la pousse. — PIVOINE EN ARBRE (*p. arborea*). De la Chine. Plante frutescente ; tige ligneuse, de 2 à 3 pieds ; feuilles bipinnées, velues, glauques ; fleurs blanches tachées de pourpre à la base des pétales, larges de 7 à 8 pouces, simples ou semi-doubles, paraissant en avril et mai ; couverture l'hiver. Voici les noms des principales variétés : PIVOINE PAPAVÉRACÉE, *moutan, moutan à fleurs rouges, moutan à fleurs doubles, odorantes*. — PIVOINE MALE (*pæonia mascula* ou *corallina*). De la Suisse ; herbacée ; tige de 2 pieds ; fleurs rouges ou rouge-violet, en avril. — PIVOINE FEMELLE OU OFFICINALE (*p. fæmina* ou *officinalis*). Des Alpes ; herbacée, ainsi que les suivantes ; tiges de 18 pouces à 2 pieds ; feuilles biternées ; fleurs de différentes couleurs, selon la variété, simples ou doubles, paraissant d'avril en mai. On cultive les var. *à fleurs carnées doubles,* — *roses doubles,* — *écarlates doubles,* — *pourpre foncé, doubles,* — *blanches doubles,* avec une sous-variété à fleurs blanches ; *à feuilles panachées rose et blanc.* Les espèces les plus remarquables sont les *p. edulis, humea, albiflora, fimbriata, sinensis*, etc.

PLANÈRE DE RICHARD, ORME POLYGAME (*planera Richardi*). De Sibérie. Feuilles ovales; capsule lisse. Culture de l'orme. Mult. par la greffe sur cet arbre, ainsi que le PLANÈRE DE GMELIN (*p. Gmelini*). Arbre de la Caroline, de moyenne grandeur; feuilles ovales; capsule écailleuse. Mêmes reproduction et culture.

PLAQUEMINIER D'ITALIE (*diospyros lotus*). Arbre de 20 à 30 pieds, de Barbarie; feuilles lancéolées; fleurs insignifiantes, en juillet; fruits d'une saveur agréable, gros comme une prune. Semer aussitôt que les graines sont mûres, en terrine et sur couche; greffe en approche sur l'espèce suivante. Terre fraîche et franche, au midi. — PLAQUEMINIER DE VIRGINIE (*d. virginiana*). Plus haut que le précédent; fruits jaunâtres et transparents, un peu allongés. Même culture; exposition au nord.

PLATANE D'ORIENT (*platanus orientalis*). Arbre de 60 à 70 pieds, du Levant; feuilles palmées. Mult. de marcottes, boutures à talon et semences. Terre franche légère ou même ordinaire. — PLATANE A FEUILLES D'ÉRABLE (*p. acérifolia*). D'Orient. Arbre élevé; feuilles en cœur. Même culture. — PLATANE D'OCCIDENT OU DE VIRGINIE (*p. occidentalis*). Feuilles grandes, à lobes obtus et à cinq angles. Même culture, ainsi que pour les *cuneata, laciniata, stellata, undulata*.

PODALYRE A FLEURS BLEUES (*podalyra australis*). Plante d'Amérique; vivace; tige de 2 pieds; feuilles ternées; longues grappes de fleurs bleues, en juillet. Mult. d'éclats et de semences. Terre légère et chaude , au midi.

PODOPHYLLE en bouclier (*podophyllum peltatum*). De l'Amérique du Nord. Vivace ; feuilles lobées, peltées ; fleurs blanches, en mai. Mult. de graines et d'éclats. Terre fraîche, ombragée. Même culture pour le podophylle palmé (*p. palmatum*), à feuilles palmées , et dont les fleurs exhalent une légère odeur , assez semblable à celle de l'ananas.

POLÉMOINE bleu ou valériane grecque (*polemonium cœruleum*). D'Europe. Vivace. Tige de 2 pieds ; feuilles pinnées ; fleurs blanches ou bleues , suivant la var. Mult. d'éclats. La plante se sème souvent d'elle-même. Terre ordinaire. Même culture pour le *p. reptans*, à fleurs plus pâles , en avril.

POLYGALA commun (*polygala vulgaris*). Plante herbacée, vivace, indigène. Tiges couchées ; feuilles linéaires ; fleurs barbues, blanches , bleues ou rougeâtres, papillonacées. Var. *amara, repens, monspeliaca , austriaca*. Mult. d'éclats, boutures et marcottes. Semis en terrine. Terre de bruyère avec moitié terreau ; exposition à mi-soleil ; arrosements fréquents pendant la végétation.

PONTÉDÉRIE à feuilles en cœur (*p. cordata*). Vivace. De Virginie. Épis de fleurs d'un beau bleu , en mai. Mult. par séparation des pieds. Terre humide et marécageuse. Couverture l'hiver. On peut également planter en pot plongé dans l'eau.

POPULAGE des marais (*caltha palustris*). Plante indigène, vivace. Tige d'un pied ; feuilles cordiformes réniformes ; fleurs d'un beau jaune, simples ou doubles , en avril et mai, souvent même en septembre. Var. *à grandes fleurs doubles*. Mult. d'éclats. Terre franche et humide. — Le POPULAGE NAGEANT (*c. natans*) se cultive en baquet ou en pot enfoncé dans l'eau. Ses fleurs sont blanches, avec les bords rougeâtres.

POTENTILLE FRUTIQUEUSE (*potentilla fruticosa*). Arbuste de 3 à 4 pieds, de l'Europe septentrionale. Feuilles pinnées; fleurs blanches ou jaunes, en juillet et août. Mult. de semences, ou par séparation des pieds. Terre ordinaire. Même culture pour les suivantes: — POTENTILLE BLANCHE (*p. alba*). Vivace; fleurs blanches tout l'été. — POTENTILLE NOIR-POURPRE (*p. atrosanguinea*). Vivace. Fleurs noir-pourpre, tout l'été.—POTENTILLE ÉLÉGANTE (*p. formosa*). Vivace. Fleurs rouge-incarnat, de juin en octobre.

PRÉNANTHE BLANC (*prenanthes alba*). De l'Amérique du Nord. Plante vivace. Tige de 4 pieds; feuilles hastées; fleurs blanches, penchées, paraissant en septembre. Mult. de graines et d'éclats. Terre fraîche, à demi ombragée. On cultive de même, mais en terre légère, le *p. purpurea*.

PRIMEVÈRE COMMUNE (*primula elatior*). Plante indigène, vivace et très-connue des amateurs, qui en font des collections très-remarquables. On remarque les variétés: *à fleurs doubles*, — *doubles blanches*,—*doubles pourpres*,—*doubles rouges*, — *doubles couleur de chair*, — *doubles jaunes*; — *à doubles corolles* placées l'une sur l'autre, et enfin à fleurs simples, nuancées de toutes les couleurs. Semis en automne, au levant, en terre ordinaire, et l'on recouvre peu. Mult. par éclats en automne. Terre franche légère, fraîche et un peu ombragée. — PRIMEVÈRE AURICULE OU OREILLE D'OURS (*p. auricula*). Des Alpes. Vivace; à feuilles charnues; tiges courtes; hampe de 4 à 5 pouces; fleurs jaunes, en ombelle. Il a été obtenu de cette espèce, qui forme aujourd'hui une de mes cultures spéciales et favorites, un nombre infini de variétés, qu'on divise en trois catégories: 1° les *françaises* ou *flamandes*, dont les couleurs sont veloutées et très-vives; 2° les *anglaises* ou *poudrées*, à limbe couvert d'une poussière blanche; 3° les *doubles*, parmi lesquelles on distingue la *mordorée*. Semis de décembre en mars, en terrine et en terre de bruyère, et très-peu recouvrir la graine. Culture de la précédente, avec exposition du nord ou du levant. Du reste, le semis de cette charmante plante étant d'un succès très-difficile, nous nous proposons d'en traiter dans un petit ouvrage à part, comme nous l'avons déjà fait pour l'œillet. — PRIMEVÈRE A FEUILLES DE CORTUSE (*p. cortusoides*). De Sibérie. Vivace; à feuilles radicales, en cœur; fleurs pourpres, à odeur, en mai. Même culture, ainsi que pour les espèces *integrifolia*, à fleurs purpurines ou couleur de chair; *marginata*, à belles fleurs pourpres; *nivalis*, à fleurs blanches; *farinosa*, à fleurs blanches ou violâtres.

PRINOS VERTICILLÉ OU APALANCHINE VERTE (*prinos verticillatus*). Arbuste de la Virginie, de 4 à 5 pieds. Feuilles acuminées; grappes de fleurs blanches, en juillet et août. Mult. de semences, boutures, rejetons et marcottes. Terre franche légère ou de bruyère. Les *p. prunifolius, lanceolatus, lucidus*, *glaber*, dont les fruits sont rouges et assez jolis, se cultivent de même.

PTÉLÉE TRIFOLIÉE OU ORME A TROIS FEUILLES (*ptelea trifoliata*). De Virginie. Arbrisseau de 10 à 12 pieds. Feuilles trifoliées ; fleurs verdâtres, en juin ; graines aromatiques. Mult. de marcottes et de graines semées dès leur maturité. Terre légère et franche.

PTEROCARYA A FEUILLES DE FRÊNE (*pterocarya fraxinifolia*). De la Chine ; arbre de 20 pieds, à feuilles odorantes ; fleurs verdâtres et fruits à 2 ailes. Mult. de marcottes : culture facile.

PULMONAIRE DE VIRGINIE (*pulmonaria virginica*). Vivace ; tige de 2 pieds ; feuilles ovales ; fleurs blanches, bleues ou rouges, de mars en mai. Mult. d'éclats des racines. Terre fraîche ; exposition à l'ombre.—PULMONAIRE DE SIBÉRIE (*p. sibirica*). Vivace ; à feuilles radicales en cœur ; fleurs bleues, de mai en juin. Mult. de graines. Même culture, ainsi que pour la PULMONAIRE A FEUILLES ÉTROITES (*p. angustifolia*), à fleurs rouges d'abord, bleues ensuite.

PYROLE A FEUILLES RONDES (*pyrola rotundifolia*). indigène ; vivace ; à feuilles entières ; hampe de 6 à 8 pouces, terminée, en juin, par des fleurs blanches et odorantes, en grappe. Mult. d'éclats ou d'œilletons. Terre légère et humide, à exposition ombragée.

RENONCULE DES JARDINS (*ranunculus asiaticus*). D'Asie. Vivace. Tige de 8 à 10 pouces ; feuilles ternées et biternées, à folioles trifides ; fleurs terminales, au printemps, de couleurs variées à l'infini.

Les variétés les plus estimées sont celles dont le feuillage est très-découpé, la tige longue et forte, la fleur bien détachée et sa corolle très-double, de 3 pouces de large, à couleurs vives et pures, ou de diverses nuances d'une même couleur (voir pour le semis et la culture des renoncules, l'article ANÉMONE). Les variétés de cette espèce, que l'on nomme *picoines*, se cultivent de même. — RENONCULE BOUTON-D'OR (*r. acris*). Vivace et indigène, comme les deux suivantes. Tige de 3 à 4 pieds; feuilles en 3 parties; fleurs doubles, jaunes, de juin en août. Mult. d'éclats après la chute des feuilles, tous les trois ans. Terre légère et fraîche; arrosements légers et souvent renouvelés.—RENONCULE BOUTON D'ARGENT (*r. aconitifolius*). Tige de 18 pouces; feuilles à 5 lobes; fleurs simples ou doubles, blanches, en juin. Même culture.

RÉSÉDA ODORANT (*reseda odorata*). Petit arbuste en Algérie, son pays, mais chez nous plante annuelle, à tiges rameuses et couchées; feuilles à trois lobes ou entières; fleurs odorantes, d'un jaune verdâtre, de juin jusqu'à l'hiver. Il se sème de lui-même, en terre ordinaire.

RHEXIE DE VIRGINIE (*rhexia virginica*). Vivace. Tige ailée, de 18 pouces; feuilles à 3 nervures, bordées de rouge; fleurs d'un rose vif, en juin et juillet. Mult. de semences, drageons ou éclats. Terre tourbeuse, ou terre de bruyère humide.

On cultive de même la *r. mariana*, à fleurs rouges ou pourpres.

RHODODENDRON ou ROSAGE (*rhododendron*). Les arbrisseaux et arbustes de ce genre, dont les fleurs

sont généralement fort jolies, se multiplient de semences, de marcottes ou couchages qui ne prennent
bien racine que la seconde année, ou par la greffe.
Le semis se fait au printemps, sur couche froide,
en terre de bruyère et sous châssis. On recouvre peu
la graine, et l'on arrose modérément : on abrite
aussi du soleil le jeune plant, qui peut être repiqué
l'année suivante en plate-bande de terre de bruyère,
à l'exposition du nord et de l'est. Les principales
espèces sont les : RHODODENDRON FERRUGINEUX (*r. ferrugineum*). Des Alpes. Fleurs roses ou rouge vif, en
juin.— R. A PETITES FEUILLES(*r. chamæcistus*). D'Autriche. Fleurs carnées ou rouge vif, à points plus
foncés, paraissant en juin.— R. PONCTUÉ (*r. puncta-
tum*). De l'Amérique du Nord. Fleurs d'un rose plus
ou moins vif, suivant la var., paraissant au printemps. — R. VELU (*r. hirsutum*). Des Alpes. Fleurs
d'un beau rouge, ponctuées de jaune d'or à l'extérieur.— R. DE DAOURIE (*r. davuricum*). Fleurs rouge foncé, de mars en mai. — R. DU KAMSCHATKA (*r.
kamschaticum*). De Sibérie. Grandes fleurs solitaires,
roses, au printemps.— R. DU CAUCASE(*r. caucasicum*.
Fleurs blanches ou roses, au printemps.— R. A FLEURS
JAUNES (*r. chrysanthum*). Fleurs jaunes, au printemps. — R. D'AMÉRIQUE OU GRAND ROSAGE (*r. maxi-
mum*). Fleurs blanches, roses ou rougeâtres, en
juillet. — R. AZALOÏDE (*r. azaloïdes*). Fleurs roses,
maculées de jaune, en mai. Var. *à fleurs violacées.*
— R. DE CATESBY (*r. catawbiense*). De l'Amérique
du Nord. Fleurs roses, en mai et juin. — R. PONTI-
QUE (*r. ponticum*). D'Orient. Fleurs d'un violet

pourpre, en mai. On a obtenu de cette espèce un grand nombre de jolies variétés.

RHODORA du Canada (*rhodora canadensis*). Arbuste de 3 à 4 pieds ; feuilles ovales ; fleurs purpurines, exhalant une odeur de rose et paraissant de mars en avril. Culture des rhododendrons.

RICIN commun, Palma-Christi (*ricinus communis*). De l'Inde. Vivace dans son pays, annuel sous le climat de Paris. Tige de 6 à 7 pieds ; feuilles palmées, peltées ; grappes de fleurs, en juin. Mult. par semis au printemps. Terre légère, à exposition chaude.

RINDÈRE ailée (*rindera tetraspis*). De Russie. Vivace ; tige de 2 pieds ; feuilles lancéolées ; girandoles de fleurs jaunes, en mai et juin. Mult. de boutures et semences. Terre légère ; mi-soleil.

ROBINIER faux acacia, acacia commun (*robinia pseudo-acacia*). Arbre de 60 à 70 pieds ; feuilles pinnées avec impaire ; fleurs blanches, odorantes, en mai et juin. Var. *microphylla*, *macrophylla*, *macrocantha*, *crispa*, *spectabilis*, *inermis*, *monstruosa*, *procera*, *stricta*, *spiralis*, etc. Mult. de graines au printemps, peu recouvertes, ou par la greffe sur le type, pour les variétés et espèces rares. Terre franche, légère, ou même ordinaire. Même culture pour les espèces suivantes. — R. visqueux (*r. viscosa*). Rameaux visqueux ; fleurs rose pâle, de mai en août. Var. *à fleurs violettes*, et *à fleurs pourpres*. — R. acacia rose (*r. hispida*). Grappes axillaires de fleurs roses, de juin en août. Var. *à fleurs rose violacé*. — R. caragana (*caragana arborescens*). Cette espèce et les suivantes sont à feuilles pinnées sans impaire. On greffe les espèces suivantes sur celui-ci, qui est un arbrisseau de 10 à 15 pieds, originaire de la Sibérie, et qui donne en mai des fleurs jaunes. Sa culture est celle des précédents. — R. DE LA DAOURIE (*c. altagana*). Fleurs jaunes, latérales. — R. SATINÉ (*c. argentea* ou *halodendron*). Fleurs bleuâtres, en avril et mai. — R. FÉROCE (*c. spinosa*). Fleurs d'un jaune pâle, à la même époque. — R. BARBU (*c. jubata*). Fleurs pourpres. — R. DE LA CHINE (*c. chamlagu*), à fleurs jaunes; — FRUTESCENT (*c. frutescens*), — PYGMÉE (*c. pygmæa*), tous deux à fleurs jaunes.

ROMARIN OFFICINAL (*rosmarinus officinalis*). Du midi de la France. Arbuste de 4 à 5 pieds, aromatique; feuilles linéaires, à bords roulés, persistantes; fleurs bleu pâle, de janvier en mai. Mult. d'éclats, boutures et marcottes. Terre légère; arrosements modérés pendant les chaleurs; exposition chaude.

RONCE COMMUNE (*rubus fruticosus*). On ne cultive de cet arbrisseau de notre pays que les variétés: *à fleurs doubles, à fleurs roses doubles, à feuilles laciniées, à feuilles panachées, à fruits blancs, sans épines*. Mult. de rejetons, éclats et marcottes. Terre franche, un peu d'ombre. — RONCE ODORANTE (*r. odoratus*). Du Canada. Arbrisseau non épineux, de 6 à 7 pieds; feuilles palmées; bouquets de fleurs roses, de juin jusqu'en septembre. Terre fraîche: même culture.

ROSIER (*rosa*). On n'est pas d'accord sur le nombre d'espèces qui composent ce genre; toujours est-il qu'il renferme un nombre immense de variétés dont la classification est fort difficile.

Les rosiers se multiplient de boutures étouffées, de marcottes et rejetons, et par la greffe en écusson sur le *rosa canina*. Les variétés s'obtiennent par le semis. On les cultive en terre légère, franche, substantielle, meuble, mélangée de terreau consommé, un peu fraîche, à exposition aérée et ouverte.

Il n'est qu'une espèce de rosier à feuilles simples ; c'est le ROSIER A FEUILLES D'ÉPINE-VINETTE (*rosa berberifolia*). Tige de 18 pouces à 3 pieds ; fleurs d'un beau jaune (l'onglet des pétales taché de rouge noirâtre), paraissant en mai. Nous nous bornerons ici à décrire les espèces ou variétés principales qui, par le moyen des semis, ont fourni toutes les autres.

— 1° ROSIER FÉROCE (*r. ferox*). Du Caucase. 4 à 5 pieds. Fleurs rose foncé, odorantes, simples ou doubles, au printemps. Les espèces *rugosa* et *kamschatica* rentrent dans cette catégorie.

— 2° ROSIER A BRACTÉES (*r. bracteata*). De la Chine. 6 à 8 pieds. Fleurs blanches ; sensible au froid. Les espèces *lyllii* et *involucrata* font partie de cette division.

— 3° ROSIER DE MAI (*rosa maïalis*). De la Suède. 3 à 4 pieds. Fleurs solitaires, petites, d'un rose pâle, paraissant en mai. On en cultive plusieurs variétés.

ROSIER TURNEPS (*r. rapa*). De la Caroline. Fleurs rouges, en juillet. Var. *à fleurs semi-doubles* et *à fleurs doubles*.

ROSIER GLAUQUE (*r. rubrifolia*). De la France méridionale. 8 à 10 pieds. Fleurs petites, rose vif.

ROSIER LUISANT (*r. lucida*). De l'Amérique du Nord. 4 à 5 pieds. Fleurs d'un rouge vif, de juillet en août. Var. *à fleurs doubles*.

Rosier à petites fleurs (*r. parviflora*). De 18 pouces à 3 pieds. Belles fleurs rose pâle. Var. *à fleurs doubles, odorantes*. Terre légère; culture délicate.

Rosier de la Caroline (*r. carolina*). De l'Amérique septentrionale. De 4 à 8 pieds. Corymbe de fleurs rouge foncé. Var. *naine, bifère, à fleurs doubles*. On doit ranger dans cette catégorie les. *r. macrophylla, nitida, laxa, blanda, cinnamomea, fraxinifolia* et *Woodsii*.

— 4° Rosier pimprenelle (*r. spinosissima*). Indigène, nain. Fleurs solitaires. On en compte plus de cinquante variétés.

Rosier des Alpes (*r. alpina*). De 7 à 8 pieds. Fleurs solitaires, rouges, en mai. On en compte environ quinze variétés.

Rosier jaune-soufre (*r. sulfurea*). D'Orient. 8 à 9 pieds. Fleurs doubles, grandes, jaunes, en juin et juillet. Ses fleurs éclosent difficilement. Var. *pompon jaune* des jardiniers.

On compte dans cette division les espèces *involuta, stricta, rubella, acicularis, Sabini, lutescens, grandiflora* et *miriacantha*.

— 5° Rosier de Puteaux ou de Belgique (*r. belgica*). Corymbes de fleurs rose foncé; fruits ovales. Très-cultivé aux environs de Paris. On en possède un grand nombre de variétés.

Rosier cent-feuilles (*r. centifolia*). Du Caucase. Arbrisseau fort joli. Fleurs penchées, très-doubles, à larges pétales, et fruits ronds. On en compte plus de cent variétés.

Rosier de Damas ou des quatre saisons (*r. damascena*). D'Orient. Arbrisseau de 5 à 10 pieds; fleurs en cime de 3 à 5, de juin en septembre. On en cultive un grand nombre de variétés.

Rosier de Provence (*r. provincialis*). 5 à 6 pieds. Fleurs rouges ou carnées, en corymbes. Beaucoup de variétés.

Rosier de Provins (*r. gallica*). Indigène. Il a fourni 3 ou 400 variétés.

Rosier de Bourgogne (*r. parvifolia*). Arbuste d'un pied. Fleurs petites, très-doubles, sans bractées, de couleur pourpre. Plusieurs variétés.

— 6° Rosier velu ou pommifère (*r. villosa*). Indigène, de 10 à 12 pieds; fleurs d'un rouge pâle, rangées par paires. Var. *à fleurs blanches, marbrées, semi-doubles, et doubles.*

Rosier blanc (*r. alba*). Indigène. De 8 à 10 pieds. Fleurs nombreuses et grandes. Plus de 100 variétés.

Rosier cotonneux (*r. tomentosa*). Indigène. De 7 à 8 pieds. Fleurs rouges, presque solitaires. Quelques variétés.

Rosier de Francfort (*r. turbinata*). D'Allemagne. 5 à 6 pieds. Fleurs rouge foncé, semi-doubles. Quelques variétés.

On range dans cette catégorie les *r. evratina, hibernica,* et *spinifolia.*

— 7° Rosier rouillé (*r. rubiginosa*). Indigène; de 6 à 7 pieds. Fleurs rose clair. 25 ou 30 variétés.

Rosier jaune (*r. lutea*). Indigène; de 5 à 8 pieds. Fleurs à couleur de jonquille. Il existe une variété *à fleur capucine.*

Cette catégorie renferme en outre les *r. glutinosa pulverulenta, Montezumæ.*

— 8° Rosier églantier (*rosa canina*). Indigène,

vigoureux; fleurs blanches ou carnées. Var. *à fleurs doubles*. C'est sur cette espèce que l'on greffe.

ROSIER NOISETTE (*r. noisettiana*). D'Amérique. Arbrisseau de 4 à 5 pieds. Fleurs carnées, nombreuses et doubles. Var. nombreuses.

ROSIER DES INDES (*r. indica*). De la Chine, ainsi que les suivants. Arbrisseau à fleurs carnées, semi-doubles, souvent solitaires. Une vingtaine de variétés, parmi lesquelles la *rose thé* et le *bengale jaune*.

ROSIER DU BENGALE (*r. semperflorens*). Très-vigoureux, à fleurs pourpres, semi-doubles, presque sans odeur. Beaucoup de variétés.

ROSIER DE LA CHINE (*r. sinensis*). De 2 à 3 pieds; fleurs cramoisi foncé, solitaires. Plusieurs variétés.

On range parmi ces espèces les *r. microphylla, sericea, caucasea* et *rubrifolia*.

— 9° ROSIER DES CHAMPS (*r. arvensis*). Indigène; de 12 à 15 pieds; fleurs blanches; base des pétales jaunes. Plusieurs variétés.

ROSIER MULTIFLORE (*r. multiflora*). Du Japon. 12 à 15 pieds; fleurs petites, nombreuses, rose pâle. Quelques variétés.

ROSIER TOUJOURS VERT (*r. sempervirens*). De la France méridionale. 10 à 12 pieds; fleurs blanches, odorantes. 5 ou 6 variétés.

ROSIER MUSQUÉ (*r. moschata*). D'Afrique. Arbrisseau de 8 à 10 pieds; fleurs blanches, odorantes. Bonne exposition et couverture l'hiver. Cette catégorie contient encore les *r. rubrifolia, systyla* et *abyssinica*.

—10° ROSIER DE BANKS (*rosa banksiana*). De la Chine. Arbrisseau élevé; fleurs blanches, odorantes, très-doubles. Var. *à fleurs jaunes*. Couverture l'hiver.

On range dans cette dernière catégorie les *r. sinica, setigera, hystrix, lœvigata, microcarpa*.

RUDBÈQUE LACINIÉ (*rudbeckia laciniata*). D'Amérique. Plante vivace ; tige de 8 pieds ; feuilles radicales ; en juillet, fleurs radiées, jaunes. Mult. de semences, ou par séparation des pieds. Terre légère et franche ; exposition aérée. — RUDBÈQUE POURPRE (*r. purpurea*). Du même pays. Vivace ; tige de 3 pieds ; feuilles ovales-lancéolées ; fleurs rouges, à disque bien plus foncé, paraissant de juillet en septembre. — Les *r. pinnata* et *digitata*, à fleurs jaunes, se cultivent de même.

SABLINE DE MAHON (*arenaria balearica*). Petite miniature vivace, à touffes épaisses et feuilles persistantes ; en mai, fleurs très-nombreuses, petites et blanches ; propre à orner les rocailles. Mult. de graines et d'éclats au printemps.

SAFRAN ORIENTAL (*crocus sativus*). Plante bulbeuse, à feuilles linéaires ; fleurs radicales, violettes ou pourpres, paraissant en octobre. Ses stigmates forment le safran du commerce. Mult. par la séparation triennale des caïeux. Terre substantielle et légère. — SAFRAN PRINTANIER (*c. vernus*). D'Europe. Feuilles linéaires, planes ; fleurs jaunes, bleues, blanches, grises, à raies blanches, violettes, etc., selon les variétés, qui sont fort jolies et nombreuses. Même culture.

SAINFOIN A BOUQUET (*hedysarum coronarium*). D'Italie. Vivace ; tige de 3 pieds ; feuilles pinnées, à folioles elliptiques; fleurs odorantes, d'un rouge foncé, à étendard rayé de blanc. Semis en place au printemps, ou mult. par la séparation des pieds. Terre légère.

SALICAIRE effilée (*lytrum virgatum*). D'Autriche. Vivace; tige de 3 à 4 pieds; feuilles opposées; panicules de fleurs purpurines, en juillet et août. Mult. de drageons; terre humide. Les espèces *verticillatum*, de l'Amérique du Nord, fleurs pourpre pâle, et *salicaria*, indigène, à fleurs pourpres, se cultivent de même.

SANGUINAIRE du Canada (*sanguinaria canadensis*). De l'Amérique du Nord. Vivace. Hampe de 7 à 8 pouces; feuille unique, radicale, et en cœur; fleur solitaire, blanche, assez grande. Mult. d'éclats. Terre légère, humide; exposition un peu ombragée.

SANTOLINE commune, garde-robe (*santolina chamæcyparissus*). Arbuste de la France méridionale, de 1 à 2 pieds. Feuilles blanchâtres, persistantes; fleurs solitaires, d'un beau jaune, à odeur, en juillet et août. Mult. d'éclats, boutures et marcottes. Terre chaude, légère. Les espèces *viridis* et *rosmarinifolia* se cultivent de même.

SAPIN commun, ou a feuilles d'if (*abies taxifolia*). Des Alpes. Arbre très-élevé. Feuilles planes, pectinées; cônes droits, à écailles très-serrées et obtuses. Culture des pins, ainsi que pour les espèces suivantes, savoir : *a. picea*, *canadensis*, *nigra*, *alba*, *balsamea*.

SAPONAIRE officinale (*saponaria officinalis*). Indigène; vivace; tiges traçantes de 2 à 3 pieds;

feuilles ovales; bouquet de fleurs rose pâle, en juillet. Var. *à fleurs rouges* et *à fleurs doubles*. Mult. de traces. Terre ordinaire. La Saponaire rampante (*s. ocymoides*), à fleurs pourpres, se cultive de la même façon.

SARRACÉNIE pourpre (*sarracenia purpurea*). Du Canada. Vivace; tige de 10 à 12 pouces; feuilles arquées, ventrues, capuchonnées; fleurs vertes à l'intérieur et pourpres à l'extérieur, en juin et juillet. Mult. de semences et d'éclats. Terre marécageuse, ou de bruyère, arrosée continuellement dans les chaleurs; couverture l'hiver.

SARRÊTE ailée (*serratula alata*). De Sibérie. Annuelle. Tige de 2 pieds; feuilles supérieures lancéolées, les inférieures lyrées; têtes de fleurs d'un rose vif. Semis aussitôt la maturité des graines. Terre ordinaire.

SAUGE a larges fleurs (*salvia patens*). Vivace; haute de 3 à 4 pieds; feuilles sagittées ou oblongues; tout l'été, fleurs d'un bleu superbe, grandes, en épis. Orangerie éclairée; terre légère. Mult. au printemps de boutures étouffées. Même culture pour la *salvia graminea*, à fleurs rouges et très-jolies.

Sauge de Crète (*salvia cretica*) Arbuste de 3 pieds, originaire de l'Orient. Feuilles linéaires; fleurs rose vif. Mult. d'éclats et de boutures. Terre légère, rocailleuse et chaude. Même culture pour les suivantes : *s. paniculata*, à fleurs bleu pâle; *s. canariensis*, fleurs rose-pourpre, en septembre. *s. indica*, fleurs bleues tachées de violet et bordées de blanc sale, ayant la lèvre inférieure blanchâtre, et paraissant de mai en juillet; —*s. formosa*, à fleurs rouge-écarlate, presque toute l'année;—*s. bicolor*, à fleurs bleues, ayant une partie de la lèvre inférieure blanche;—*s. argentea*, à fleurs blanches, de mai en août; — *s. officinalis*, et ses variétés *tricolore, panachée, à petites feuilles*,—*s. orminum*, annuelle; bractées supérieures d'un rose-tendre; fleurs terminales, en juillet. Var. *à bractées violettes* ou *rouges*. Terre sèche, légère et chaude. Semis sur place au printemps.

SAULE commun (*salix alba*). Indigène; arbre de 40 à 60 pieds; feuilles pubescentes des deux côtés. Mult. de boutures en plançon, faites en place en février. Terre humide, mieux aquatique. Nous n'ajoutons ici que la description des deux espèces les plus cultivées dans les jardins paysagers. — Saule pleureur (*s. babylonica*). D'Orient. De 30 à 40 pieds. Rameaux pendants, grêles et fort longs; feuilles linéaires.— Saule odorant (*s. pentandra*). Indigène; élevé; rameaux rouges et cassants; feuilles lancéolées, luisantes et odorantes.

SAXIFRAGE pyramidale (*saxifraga pyramidalis*). Du midi de la France; vivace, ainsi que les suivantes. Feuilles radicales en rosette; de mai en juillet, panicule pyramidale de fleurs blanches, longue de 18 pouces. — Saxifrage a feuilles rondes (*s. rotundifolia*). Du même pays; tige paniculée; feuilles caulinaires réniformes; fleurs blanches, ponctuées de rouge, en mai et juin. — Saxifrage de Sibérie (*saxifraga crassifolia*). Tige nue; feuilles ovales, rétuses; grappe de fleurs rose foncé, très-grandes, en mars et avril. — Saxifrage ombreuse (*s. umbrosa*). Indigène. Tige paniculée, nue; feuilles cartilagineuses, crénées; fleurs roses ou blanches, ponctuées, en avril et mai. — Saxifrage sarmenteuse (*s. sarmentosa*). Du Japon. Feuilles poilues, dentées; fleurs blanches, dont deux pétales inférieurs sont très-longs, paraissant en juin et juillet. Ces plantes se multiplient de graines semées en place, ou par séparation des rosettes et touffes au printemps. Elles réussissent en terre fraîche, à exposition ombragée. On cultive de même les espèces *hypnoïdes*, formant gazon; *hirsuta*, *furcata*, *granula*, etc.

SCABIEUSE fleur de veuve (*scabiosa atropurpurea*). De l'Inde. Bisannuelle. Tige de 18 pouces à 2 pieds; feuilles opposées; fleurs solitaires, roses, rouge noirâtre velouté, ou panachées, odorantes, paraissant de juillet en octobre. Mult. de semences. Terre franche, légère et chaude. — Scabieuse étoilée (*s. stellata*). De la France méridionale. Annuelle. Tige de 2 pieds, velue; fleurs blanches en juillet. Même culture.

SCEAU DE SALOMON verticillé (*polygonatum verticillatum*). De la France méridionale. Vivace. Tige de 1 à 2 pieds; feuilles étroites, lancéolées; fleurs verdâtres, en mai et juin. Mult. de graines. Culture en terre fraîche ordinaire, à l'ombre, comme pour les espèces *vulgare, multiflorum, latifolium*.

SCHISANDRE écarlate (*schisandra coccinea*). Arbrisseau d'Amérique, sous-ligneux, grimpant. Feuilles lancéolées; petites fleurs écarlates, en juillet. Mult. de semences et drageons. Terre légère : couverture l'hiver. — Schizanthe a feuilles ailées (*schizanthus pinnatus*). Du Chili. Annuel. Tige de 15 à 20 pouces; fleurs d'un lilas clair, à palais jaune, tigré de pourpre, entouré de quatre taches violettes, au printemps. Mult. par semis sur couche; repiquage avec la motte, à exposition chaude. Terre substantielle, légère.

SCHUBERTIE DISTIQUE, OU CYPRÈS CHAUVE (*schubertia disticha*). Arbre très-élevé, à feuilles petites, linéaires, caduques; sorte de cônes creux, très-grands, ressemblant à des ruches d'abeilles, s'élevant de distance en distance sur les racines, hors de terre. Pleine terre marécageuse, ou du moins très-humide et ombragée. Mult. de marcottes.

SCILLE AGRÉABLE (*s. amœna*). Plante bulbeuse, indigène; hampe de 8 pouces; feuilles lancéolées, obtuses; fleurs bleues, un peu penchées, ayant les pétales marqués de deux raies blanches, paraissant en mars et avril. Mult. par séparation des caieux. Terre sablonneuse, légère et franche, renouvelée tous les quatre ans. — SCILLE MARITIME (*s. maritima*). Du midi de la France. Ognon monstrueux; feuilles lancéolées; hampe de 3 pieds; grappes de fleurs bleues, en mars et avril. Culture des précédentes. — SCILLE D'ITALIE (*s. italica*). Hampe de 6 à 7 pouces; feuilles canaliculées; grappes de fleurs bleues, odorantes, en avril et mai. Même culture, ainsi que pour les espèces *undulata*, *præcox*, *autumnalis*, *campanulata* et *peruviana*; ces deux dernières avec couverture l'hiver.

SCORPIONE DES MARAIS, OU SOUVENEZ-VOUS-DE-MOI (*myosotis scorpioides*). Indigène, à tiges couchées; feuilles lancéolées; épis de fleurs bleu-de-ciel, d'avril en août. Mult. de graines ou d'éclats. Terre humide ou marécageuse.

SÉDUM ORPIN (*sedum telephium*). Plante indigène et vivace; tige de 2 à 3 pieds; feuilles ovales, éparses; corymbe de fleurs purpurines, en juillet et août. Var. *à fleurs blanchâtres*. Mult. de graines, éclats et drageons. Terre ordinaire, ou sèche, légère et rocailleuse. Même culture pour les suivantes. — SÉDUM A FLEURS ROSES (*s. spurium*). Corymbe de fleurs roses, en juillet.—SÉDUM A FEUILLES DE PEUPLIER (*s. populifolium*). Corymbes de fleurs blanches, en juillet. — SÉDUM ODORANT, OU RHODIOLE (*s. rhodiola*). Arbuste de la France méridionale, trespetit; racines exhalant une légère odeur de rose. Feuilles oblongues; fleurs roses et rougeâtres, en juin. Un peu d'ombre.

SÉLAGINE BATARDE (*selago spuria*). Du Cap. Feuilles linéaires; épis de fleurs violettes, en juillet. Semis au printemps sur couche chaude. Terre franche, légère, avec un tiers de bon terreau, à exposition chaude. Arrosements modérés.

SENEÇON ÉLÉGANT (*senecio elegans*). Plante annuelle, du Cap. Tige rameuse; feuilles poilues; fleurs radiées, à rayons pourpres et disque jaune, paraissant en août. Var. *à fleurs doubles pourpres*, *à fleurs doubles blanches*. Mult. de semis sur vieille couche au printemps. Terre franche, légère, à exposition chaude.

SILÈNE DIVISÉ (*silene bipartita*). Du mont Atlas. Plante annuelle. Tige de 8 à 10 pouces; feuilles supérieures lancéolées; les autres spatulées; grappes pendantes de fleurs roses, en été et en automne. Semis au printemps. Terre sablonneuse, légère et chaude. — SILÉNÉ DE VIRGINIE (*s. virginica*). Vivace; tige de 8 à 10 pouces, visqueuse; feuilles oblongues, à bords rudes; fleurs écarlates. Même culture; semis en automne et couverture l'hiver.

SILPHIUM A FEUILLES LACINIÉES (*silphium laciniatum*). Vivace, de l'Amérique du Nord. Tige de 8 à 10 pieds; feuilles pinnatifides; fleurs radiées, jaunes. Mult. de graines au printemps, ou d'éclats. Terre ordinaire et profonde. Même culture pour les espèces qui suivent : — SILPHIUM A FEUILLES CORDIFORMES (*s. terebinthinaceum*). Panicule de fleurs jaunes, en septembre. — SILPHIUM A FEUILLES RÉUNIES (*s. connatum*). Fleurs jaunes, à douze rayons, de juillet en octobre. — SILPHIUM PERFOLIÉ (*s. perfoliatum*). Fleurs jaunes, de juillet en octobre. Les espèces *trifoliatum*, *ternatum*, *integrifolium*, *atropurpureum*, à fleurs jaunes.

SMILACINE A GRAPPES (*smilacina racemosa*). De Virginie. Tige de 2 à 3 pieds; feuilles oblongues; grappes de petites fleurs blanchâtres, en juin. Mult. de drageons et d'éclats. Terre de bruyère; exposition ombragée. Le *s. stellata*, à fleurs blanches, étoilées, se cultive de même.

SOLDANELLE DES ALPES (*soldanella alpina*). Des Alpes. Plante vivace, petite, à feuilles réniformes; hampe de 5 à 6 pouces; deux à quatre fleurs rougeâtres, pendantes, campanulées, en avril et mai. Var. *à fleurs blanches, à fleurs pourpres*. Mult. de graines ou d'éclats, en octobre. Terre légère ou de bruyère; exposition un peu ombragée; couverture l'hiver.

SOLEIL à grandes fleurs (*helianthus annuus*). Du Pérou. Annuel ; tige de 6 à 9 pieds ; feuilles en cœur ; fleurs radiées, jaunes, simples ou doubles, de juillet en août. Mult. de semences. Terre ordinaire. — Soleil vivace (*helianthus multiflorus*). De Virginie. Tige de 3 à 4 pieds ; feuilles supérieures ovales, les autres en cœur ; fleurs jaunes, simples ou doubles, en août. Mult. par séparation des pieds, en automne. Même culture. Les espèces *atrorubens*, *giganteus*, *altissimus*, *mollis*, *diffusus*, etc., toutes à fleurs jaunes, se cultivent de même.

SOPHORA du Japon (*sophora japonica*). Arbre assez grand, à feuilles pinnées, luisantes et ovales ; fleurs blanches, en grappes, paraissant en juillet. Var. — Pleureur (*s. pendula*). Mult. de semences ou jets enracinés ; terre franche, à bonne exposition.

SORBIER des oiseleurs (*sorbus aucuparia*). Arbre indigène, de 20 à 25 pieds. Feuilles glabres, pinnées ; fleurs blanches, en corymbe, paraissant en mai ; fruits rouges. Mult. de semences, ou mieux par la greffe sur l'aubépine. Terre franche, fraîche et légère ; exposition à l'ombre. — Le Sorbier hybride (*s. hybrida*), de la Suède ; à feuilles cotonneuses en dessous ; corymbes de fleurs blanches, et fruits plus gros que le précédent, se cultive de même, ainsi que les *s. intermedia*, *sambucifolia* et *spuria*.

SOUCI commun (*calendula officinalis*). Plante indigène et annuelle ; tige de 12 à 15 pouces ; feuilles ovales ; fleurs jaunes, simples ou doubles, de juin en septembre. Semis sur place au printemps. Terre substantielle et légère. — Souci pluvial (*c. pluvialis*). Du Cap. Annuel ; tige de 7 à 8 pouces, grêle ;

feuilles étroites ; fleurs violettes en dehors, blanches à l'intérieur, se fermant aux approches de la pluie, et paraissant de juin en août.

SOUDE ARBRISSEAU (*salsola fruticosa*). Arbuste indigène, de 2 à 3 pieds ; feuilles cylindriques, imbriquées et persistantes ; petites fleurs d'un blanc sale, axillaires et solitaires. Mult. d'éclats et de boutures. Terre sablonneuse ; un peu d'ombre ; couverture l'hiver.

SPARTIUM A FLEURS BLANCHES (*spartium album*). Du Portugal. Arbrisseau de 7 à 8 pieds ; feuilles soyeuses, simples ou ternées ; petites fleurs blanches, en mai et juin. Var. *à fleurs roses*. Mult. de graines. Terre légère ; exposition chaude ; couverture l'hiver.

SPIGÉLIE DU MARYLAND (*spigelia marylandica*). De l'Amérique du Nord. Vivace ; tige d'un pied ; feuilles ovales ; fleurs jaunes en dedans, rouges en dehors, odorantes, en août. Mult. d'éclats ou de semences. Terre fraîche, légère ; exposition un peu ombragée.

SPIRÉE ULMAIRE (*spiræa ulmaria*). Vivace, ainsi que toutes les espèces de ce genre ; tiges de 3 à 5 pieds ; feuilles pinnées ; corymbes de fleurs blanches, en juin et juillet. Var. *à feuilles panachées, — blanchâtres ; à fleurs doubles*. Mult. de semences, marcottes et boutures, ou séparation des rejetons. Même culture pour les suivantes : — SPIRÉE DU JAPON (*s. japonica*). Arbrisseau de 5 à 6 pieds ; feuilles ovales ; fleurs jaunes, simples ou doubles, de février jusqu'à l'automne. — *S. ulmifolia, — populifolia, — hypericifolia, — crenata, — aruncus, — trifo-*

liata, — *lævigata*, — *salicifolia*, — *sorbifolia*, et sa var. à fleurs en corymbe ; — *lobata*, — *tomentosa*. — SPIRÉE FILIPENDULE (*s. filipendulata*). Indigène. Tige de 18 pouces, herbacée ; feuilles pinnées ; corymbes de petites fleurs blanches, en juin et juillet. Var. à fleurs doubles. Même culture pour les espèces : — *chamædrifolia*, — *triloba*, — *bella*, — *alpina*, — *flexuosa*, — *corymbosa*, — *oblongifolia* — et *thalictroïdes*.

STAPHYLIER NEZ COUPÉ, FAUX PISTACHIER (*staphylea pinnata*). Arbrisseau de 15 à 20 pieds, indigène ; feuilles pinnées ; grappes de fleurs blanches, en avril et juin. Mult. de semences, rejetons et marcottes. Terre ordinaire. — STAPHYLIER TRIFOLIÉ (*s. trifoliata*). De la Virginie. De 10 à 12 pieds ; feuilles ternées ; fleurs blanches, en mai et juin, plus grandes que celles du précédent. Même culture.

STATICÉ GAZON D'OLYMPE (*statice armeria*). Plante indigène et vivace, à feuilles linéaires, en touffes ; hampe de 8 à 9 pouces, terminée, de mai en août, par une tête de fleurs blanches, lilas ou rouges. Cette plante se met souvent en bordures. On la multiplie d'éclats. Terre légère et fraîche. — STATICÉ A BALAIS (*s. scoparia*). Vivace ; originaire de Sibérie ; hampe paniculée, de 20 à 24 pouces ; feuilles oblongues, ponctuées en dessous ; fleurs bleu pâle, d'août en septembre. Même culture, ainsi que pour les suivantes : — *s. limonium*, — *tatarica*, — *speciosa*, — *reticulata*, — *lusitanica*, — *purpurata*, — *cordata*, — *graminifolia*, etc., vivaces et herbacées.

STÉVIA POURPRE (*stevia purpurea*). De l'Amérique méridionale. Vivace ; tige de 18 pouces ; feuil-

les lancéolées ; corymbes de fleurs pourpres , en été.
Semis sur couche. Mult. d'éclats. Culture en terre
légère , à exposition du midi : couverture l'hiver.
Même culture pour les suivantes : *s. serrata* , —
pedata , — *salicifolia* , — *punctata.*

STRAMOINE FASTUEUSE (*datura fastuosa*). D'É-
gypte. Annuelle ; tige de 2 à 3 pieds ; feuilles ovales;
fleurs blanches en dedans, rose violacé à l'extérieur,
ayant souvent 2 ou 3 corolles l'une dans l'autre ,
paraissant de juillet en novembre. Semis sur couche
tiède , repiquage en place , à exposition très-chaude.
— STRAMOINE CORNUE (*d. cerataucola*). De Cuba.
Annuelle ; tige de 2 à 3 pieds ; feuilles ovales ; fleurs
blanches en dedans , violettes sur les angles exté-
rieurs , à odeur agréable , paraissant de juillet en
octobre. Même culture. Arrosements répétés. Les *d.
stramonium , tabula* et *ferox* exigent la même
culture.

SUMAC VINAIGRIER (*rhus glabrum*). Arbrisseau de
15 à 20 pieds , de la Caroline ; feuilles pinnées ;
panicules de fleurs verdâtres , en juillet ; fruits d'un
beau rouge. Mult. de semences , ou mieux de rejetons. Terre un peu sèche. — SUMAC DE VIRGINIE (*r.
thyphynum*). De 12 à 15 pieds : feuilles pinnées ;
épis de fleurs purpurines , en juillet. Var. *à feuilles
panachées.* Même culture , ainsi que pour les suivants : — SUMAC DES CORROYEURS (*r. coriaria*). —
SUMAC FUSTET (*r. cotinus*).

SUREAU COMMUN (*sambucus nigra*). Arbrisseau
indigène , de 30 à 40 pieds. Feuilles pinnées , à 5
ou 7 folioles ; fleurs petites , en cimes ombellifor-
mes , paraissant en juin. Var. *à fruits blancs* , —

verts, — *à rameaux comprimés ;* — *à feuilles pa-nachées de blanc,* — *de jaune ;* — *à rameaux striés et recourbés ;* — *à feuilles bipinnées.* Mult. de bou-tures et rejetons ; terre fraîche , mi-ombre. — Su-REAU A GRAPPES (*s. racemosa*). Indigène ; de 7 à 8 pieds. Feuilles ailées ; grappes de fleurs blanches , en avril et mai. Même culture , ainsi que pour l'es-pèce suivante et celle *pubescens.*

SWERTIA VIVACE (*swertia perennis*). Indigène et vivace ; tige de 12 pouces ; feuilles radicales , en rosettes ; panicules de fleurs bleues, à raies et points verdâtres , en étoile , paraissant en juin et juillet. Mult. de traces ou de graines semées aussitôt leur maturité. Terre humide ou marécageuse.

SYMPHORINE A GRAPPES (*symphoricarpos race-mosa*). Arbuste d'Amérique , de 4 à 5 pieds ; feuilles lancéolées ; fleurs en grappes , au mois d'août ; tout l'hiver , fruits blancs , de la grosseur et de la forme de petites cerises. Mult. de marcottes et drageons ; terre ordinaire. — La SYMPHORINE A PETITES FLEURS (*s. parviflora*) se cultive de même.

SERINGAT ODORANT OU DES JARDINS (*philadelphus coronarius*). Arbrisseau du midi de l'Europe ; 8 à 10 pieds ; feuilles ovales ; fleurs blanches, odorantes, en juin et juillet. Var. *nain* , de 2 à 3 pieds ; — *à feuilles panachées ; à fleurs semi-doubles.* Mult. par séparation des pieds en automne ou de rejetons et de boutures. — SERINGAT A GRANDES FLEURS (*p. gran-diflora*). De la Caroline. Arbrisseau vigoureux , à grandes feuilles ovales ; larges fleurs blanches , en juin et juillet. Se cultive de même.

TABAC ONDULÉ (*nicotiana undulata*). De la Nouvelle-Hollande ; bisannuelle ; tige de 3 pieds; feuilles radicales spatulées , les caulinaires ovales ; fleurs blanches , en automne , exhalant une odeur de jasmin. Semis sur couche , repiquage sur place. Terre substantielle et légère ; exposition chaude.

TAGÈTES ÉLEVÉ, OEILLET D'INDE (*tagetes erecta*). Du Mexique ; plante annuelle , à feuilles pinnées ; fleurs blanches ou jaunes de diverses nuances , simples ou doubles , de juillet en octobre. Mult. par le semis. Culture en terre franche et légère , à bonne exposition. — TAGÈTES ÉTALÉ OU PETIT OEILLET D'INDE (*t. patula*). Du même pays , également annuel; tige étalée; feuilles pinnées ; fleurs jaunes de diverses nuances , simples ou doubles , à la même époque que le précédent. Même culture.

TAMARISC DE NARBONNE (*tamarix gallica*). Arbrisseau de la France méridionale , de 10 à 12 pieds; feuilles amplexicaules , persistantes ; épis de fleurs d'un blanc pourpré , de mai en octobre. Mult. de boutures et marcottes. Terre humide et fraîche; exposition ombragée. — TAMARISC D'ALLEMAGNE (*t. germanica*). Du même pays ; de 7 à 8 pieds ; feuilles linéaires; épis de fleurs roses ou pourpre pâle , de juin en septembre. Même culture.

TANAISIE COMMUNE (*tanacetum vulgare*). Indigène , vivace et aromatique; tiges de 3 à 4 pieds ; feuilles bipinnées; fleurs d'un beau jaune, en août. Var. *à feuilles crépues*. Mult. de drageons ; terre franche. On cultive de même le *t. boreale*, dont les fleurs sont plus grandes.

THUMBERGIE AILÉE (*thumbergia alata*). Jolie plante vivace , du Bengale , que l'on peut cultiver comme annuelle, en la semant chaque printemps , ou conserver en orangerie éclairée; tige grêle et grimpante; feuilles cordiformes; fleurs jaunes avec le centre pourpre. Variété à fleurs blanches. Même culture pour la *thumbergia fragrans*.

THUYA D'OCCIDENT (*thuya occidentalis*). Arbre de 30 à 40 pieds ; feuilles ovales rhomboïdales ; cônes obovales. Mult. de boutures , marcottes et semences, traitées comme celles des pins. Terre substantielle, légère et fraîche. — THUYA DE LA CHINE (*t. orientalis*). De 25 pieds; feuilles plus petites; cônes squameux, à écailles acuminées et réfléchies. Var. *à rameaux pendants et filiformes*. Même culture.

THYM COMMUN (*thymus vulgaris*). Très-petit arbuste d'Espagne , fort odorant, dont on cultive plusieurs variétés. Mult. d'éclats au printemps. Terre légère ; exposition chaude. On cultive de même le THYM SERPOLET (*t. serpyllum*), et ses var. *à feuilles velues, — étroites, — panachées , à odeur de citron*.

TIGRIDIE PANACHÉE (*tigridia pavonina*). Du Mexique. Bulbeuse et vivace; tige rameuse, de 2 pieds; feuilles engaînantes, ensiformes ; fleurs jaunâtres et écarlates , à points d'un rouge foncé, en juillet. Mult. de caïeux aussitôt replantés; terre substantielle et légère ; arrosements modérés.

TILLEUL D'EUROPE (*tilia europæa*). Arbre indigène , élevé; feuilles en cœur, acuminées, glabres; fleurs jaunâtres. Var. *platiphyllos* , employé pour les promenades; *bohemica , carolina , laciniata , variegata*. Mult. de semences stratifiées en automne, et mises en pépinière au printemps. Terre ordinaire ou fraîche et profonde. Les variétés se multiplient par la greffe sur leur type, ou de rejetons et marcottes.

TOURETTE printanière (*turritis verna*). Des Alpes ; vivace ; tiges rampantes ; feuilles oblongues, amplexicaules ; bouquets de fleurs moyennes, de mars en mai. Mult. de traces et semences ; terre ordinaire. La *t. caucasiensis*, à fleurs blanches, se cultive de même.

TRILLE sessile (*trillium sessile*). De la Caroline. Vivace ; tige pourpre, de 6 à 8 pouces ; feuilles ovales, à taches blanches ; fleurs à pétales en spatule, d'un rouge brun, en avril. Mult. de racines, après la chute des feuilles, ou de graines semées dès qu'elles sont mûres. Terre de bruyère ; exposition à demi ombragée.

TROÉNE commun (*ligustrum vulgare*). Indigène. Arbuste de 8 à 10 pieds ; feuilles lancéolées ; panicules de petites fleurs blanches, au printemps. Var. *à fruits jaunes*. On greffe souvent l'olivier sur cet arbuste. Mult. de rejetons, boutures, marcottes et semences. Terre ordinaire.—Troène du Japon (*l. japonicum*). Arbrisseau de 12 à 15 pieds ; feuilles ovales, acuminées ; fleurs blanches, grandes de 4 ou 5 lignes, en été. Même culture ; terre franche légère, à exposition convenable.

TROLLE d'Europe (*trollius europæus*). Du midi de la France. Vivace ; tige de 1 pied 1/2 à 2 pieds ; feuilles palmées ; grandes fleurs jaunes, en avril et mai. Mult. de graines et d'éclats. Terre franche légère ; exposition au soleil. — TROLLE D'ASIE (*t. asiaticus*). Vivace ; tige de 2 à 3 pieds ; feuilles jaune orangé, en mai et juin. Même culture.

TUBÉREUSE DES JARDINS (*polianthes tuberosa*). De l'Inde. Plante bulbeuse, à feuilles linéaires, canaliculées ; hampe de 3 à 5 pieds, écailleuse ; fleurs blanches très-odorantes, en août et septembre. On fait habituellement venir chaque année d'Italie des ognons que l'on plante au printemps en pot, en terre substantielle et franche, et l'on met ce pot dans une couche tiède, sous cloche ou châssis. On enlève les pots de la couche quand vient la floraison, et l'on arrose souvent pendant la pousse. Ces ognons ne fleurissent qu'une fois, et on ne peut multiplier de caïeux qu'en les cultivant en serre chaude.

TULIPE SAUVAGE (*tulipa sylvestris*). Plante indigène, bulbeuse ; tige de 18 pouces ; feuilles étroites ; fleurs jaunes, un peu penchées, à pétales aigus, paraissant en avril et mai. Var. *à fleurs doubles*. Mult. de caïeux après la dessiccation de la plante. La TULIPE TURQUE (*t. turcica*) ne diffère de celle-ci que par ses fleurs droites ; les filaments des étamines sont velues à la base. Elle semble en être une variété ; on la cultive de même, ainsi que les tulipes : *celsiana*, *biflora*, *gallica*, *campsopetala*, *clusiana*, *oculus solis*. — TULIPE DES FLEURISTES (*t. gesneriana*). Du Levant. Hampe nue ; feuilles ovales ; fleur droite, de couleurs extrêmement variées. Les 5 ou 600 variétés de cette tulipe sont divisées en 4 classes : 1° les *doubles*, peu estimées ; 2° les *dragonnes*, à tige penchée et à pétales laciniés et excessivement longs, dentés, très-panachés ; 3° les *bizarres* ou *à fond brun*, à fleurs grandes, dont les divisions sont bien arrondies à l'extrémité, à couleurs tranchantes sur un fond brun ; 4° les *flamandes*, ou *à fond blanc*, à fleurs de même forme, mais dont les deux ou trois couleurs se détachent sur un fond blanc, et ayant la tige droite et haute. Ce sont aujourd'hui les plus estimées. Les variétés nouvelles s'obtiennent par le semis. On fait un choix de graines que l'on conserve dans leurs capsules jusqu'en septembre. On les sème en plate-bande, et l'on recouvre d'un demi-pouce de terre et d'autant de bon terreau. Arrosements modérés et couverture l'hiver. La première année on recouvre le semis d'un demi-pouce de terreau, après quoi on lève les ognons pour les replanter, d'octobre en novembre, à trois ou quatre pouces de profondeur, et à six pouces les uns des autres. On sarcle et l'on abrite les fleurs du grand soleil ; lorsqu'elles sont passées, on coupe les têtes, et après le dessèchement des feuilles, on enlève les ognons qu'on fait sécher et qu'on met à l'abri de l'humidité pour les replanter à l'automne. Vers la 4me ou la 5me année, les tulipes de graines donnent des fleurs, mais elles ne commencent à se panacher que l'année d'après, et elles peuvent acquérir ainsi de nouvelles couleurs jusqu'à leur douzième année. Les tulipes exigent une terre franche, douce, légère, très-bien ameublie et mélangée de terreau de feuilles. On cultive absolument de même la TULIPE ODORANTE OU DUC DE THOL (*t. suaveolens*), à fleurs jaunes, panachées de rouge, à odeur agréable, paraissant en mars. Var. *à fleurs panachées.*

TULIPIER DE VIRGINIE (*liriodendron tulipifera*).

Arbre très-élevé; feuilles à 3 lobes; fleurs jaune verdâtre, avec une tache rouge, et ayant la forme d'une tulipe. Ces fleurs paraissent en juin et juillet. Var. *à fleurs jaunes*, plus odorantes. Semis en terrine et terre de bruyère, au printemps; beaucoup de soins pour préserver le jeune plant du froid. Terre fraîche et franche, au nord.

TUPÉLO à feuilles entières (*nyssa villosa*). De Virginie. Arbre dans son pays, arbrisseau à Paris. Feuilles ovales; fleurs peu apparentes; fruit bleu, en forme d'olive. Semis comme ci-dessus; terre humide ou marécageuse. — TUPÉLO aquatique (*n. aquatica*). De l'Amérique du Nord. Arbre de 40 à 45 pieds; feuilles glabres, ovales; fleurs femelles géminées. Même culture.

TUSSILAGE odorant ou héliotrope d'hiver (*tussilago fragrans*). Du Dauphiné. Vivace; feuilles en cœur, pubescentes en dessous; fleurs purpurines, à odeur d'héliotrope, de novembre en janvier. Mult. de drageons. Terre fraîche, légère.

VALÉRIANE rouge (*valeriana rubra*). Indigène. Vivace; tige de 3 pieds; feuilles lancéolées; panicules de fleurs blanches, rouges ou pourpres, suivant la variété. Mult. d'éclats et de semences. Terre ordinaire; exposition chaude. — VALÉRIANE des jardins (*v. phu*). Indigène et vivace comme la précédente; tige de 3 à 4 pieds; les feuilles radicales entières, les caulinaires pinnées; panicules de fleurs blanches, de mai en juillet. Même culture.

VARAIRE ellébore blanc (*veratrum album*). Indigène; vivace; tige de 3 pieds; feuilles ovales, à plis; grappes de fleurs blanchâtres, de juin en août. Mult. d'œilletons ou semences. Terre franche et fraîche. Même culture pour le *v. nigrum*.

VELAR BARBARÉ OU JULIENNE JAUNE (*erysimum barbareum*). Vivace et indigène ; tige de 2 pieds ; feuilles lyrées ; fleurs jaunes, en mai. Mult. d'éclats ou de boutures. Terre ordinaire.

VERGE-D'OR DU CANADA (*solidago canadensis*). Vivace ; tige de 2 pieds ; feuilles à trois nervures ; panicules de fleurs d'un beau jaune, en juillet et septembre. Mult. par semis aussitôt la maturité des graines, ou par séparation des pieds tous les trois ans. Terre franche légère, à bonne exposition. — VERGE-D'OR A TIGE VERTE (*s. lateriflora*). De l'Amérique du Nord. Plante frutescente ; tiges de 5 pieds ; feuilles légèrement triplinerves ; grappes de fleurs jaunes, en panicules, en août et septembre. Même culture, ainsi que pour les *verges-d'or altissima, flexicaulis, bicolor, lœvigata, gigantea*.

VERNONIE ELEVÉE (*vernonia præalta*). De l'Amérique septentrionale, et vivace comme la suivante. Tiges de 5 à 6 pieds ; feuilles ovales, pubescentes en dessous ; corymbes de fleurs violet-pourpre, en octobre et novembre. Mult. d'éclats ou de drageons. Terre ordinaire. — VERNONIE DE NEW-YORK (*v. novæboracensis*). Tiges de 3 à 4 pieds ; feuilles lancéolées, pendantes ; corymbes de fleurs purpurines, en septembre. Même culture, ainsi que pour la *v. anthelmintica*, à fleurs purpurines.

VÉRONIQUE DE SIBÉRIE (*veronica sibirica*). Plante vivace, ainsi que les suivantes ; tiges de 4 à 5 pieds ; feuilles verticillées ; épis de fleurs blanches, de juin en juillet. Mult. par semis au printemps, ou d'éclats; repiquage du plant en automne, en terre fraîche, substantielle et légère; — DE VIR- GINIE (*v. virginica*); épis de fleurs blanches, de juil- let en octobre. Même culture, ainsi que pour les espèces ci-après : — MARITIME (*v. maritima*); fleurs bleues. Var. *à fleurs blanches*, — *roses*, — *bleuâ- tres*; A FEUILLES DE GENTIANE (*v. gentianoïdes*); fleurs bleu pâle; — ÉLÉGANTE (*v. elegans*); fleurs roses. Terre de bruyère. Les espèces *bellidioïdes*, *orien- talis*, *austriaca*, *incana*, *pinnata*, etc., se culti- vent de la même manière.

VERVEINE DE MIQUELON (*verbena aubletia*). De la Caroline. Tige d'un pied; feuilles trifides; épis de fleurs rouges, de juillet en novembre. Semis au printemps sur couche tiède. Terre légère et franche amendée avec du terreau; arrosements modérés ; exposition chaude. — VERVEINE VEINÉE (*v. venosa*). Espèce herbacée et vivace; feuilles lancéolées oblon- gues, dentées; en été, fleurs d'un pourpre violet , en cime, très-jolies. Pleine terre et mult. par éclats, au printemps.

VIGNE-VIERGE A CINQ FEUILLES (*cissus quinque- folia*). De l'Amérique du Nord. Arbrisseau grimpant et sarmenteux; feuilles digitées; petites fleurs jau- nâtres. Mult. de graines, boutures et marcottes. Terre fraîche , à demi-ombre.

VIOLETTE COMMUNE OU ODORANTE (*viola odorata*). Plante indigène et vivace, sans tige; feuilles en cœur; fleurs odorantes en mars et avril. Var. *de Parme*, *à fleurs bleu pâle*, *en arbre*, *semi-doubles*, *de septembre*, *très-odorantes*, *à fleurs blanches*; — *roses*; — *doubles blanches*; — *doubles pour-*

pres ; — *doubles bleues* ; — *précoces*. Mult. de semences, rejetons, ou plus souvent d'éclats des touffes en automne. Terre ordinaire ou fraîche et ombragée. — VIOLETTE PALMÉE (*v. palmata*). De la Virginie. Vivace, sans tige; feuilles palmées, quinquelobées; fleurs rose-violet, inodores, en mai et juin. Même culture. — VIOLETTE A GRANDES FLEURS OU PENSÉE VIVACE (*v. grandiflora*). Indigène et vivace, à tige triangulaire ; fleurs à pétales supérieurs d'un violet foncé, les inférieurs jaunes et à taches violettes au bout, peu odorantes, paraissant de mai en septembre. Var. *à fleurs blanches*, très-grandes. Culture de la précédente. La pensée vivace est une de mes spécialités, et je ne crois pas qu'on ait jamais obtenu d'aussi belles variétés que celles que les amateurs viennent chaque année admirer dans mon établissement, aux Champs-Élysées, avenue Marbeuf, n° 9. J'en possède plus de trois cents variétés toutes fort remarquables par l'éclat des couleurs et l'énorme grandeur des fleurs. — PENSÉE ANNUELLE (*v. tricolor*). Indigène et annuelle; feuilles oblongues; fleurs violettes et jaunes, odorantes, paraissant de mai en septembre. Même culture. — VIOLETTE JAUNE (*v. lutea*). D'Angleterre. Tige simple; feuilles ovales, crénelées; fleurs jaunes, à raies noires, au printemps. Les espèces *biflora, rothomagensis, pubescens, striata, pedata, lanceolata, lactea, montana, cucullata,* et *canadensis*, se cultivent de la même façon.

VIORNE LAURIER-TIN (*viburnum tinus*). D'Espagne. Arbrisseau de 7 à 8 pieds; feuilles ovales, luisantes, persistantes; ombelles de fleurs blanches, en mars et

avril. Var. *à feuilles panachées* blanc et jaune.
Mult. de boutures et drageons. Terre légère et franche, à exposition chaude et à demi ombragée ; couverture l'hiver. — VIORNE OBIER (*v. opulus*). Indigène ;
de 4 à 5 pieds ; feuilles à 3 lobes ; fleurs blanches, en
cimes corymbiformes, paraissant en mai. Var. *sterilis*, à fleurs blanches, en grosses boules, connues
sous le nom de *boules de neige*. Terre fraîche.

VIRGILIER A BOIS JAUNE (*virgilia lutea*). De l'Amérique du Nord. Arbre de 30 à 40 pieds ; feuilles
ailées ; fleurs blanches. odorantes, en juin. Mult. de
graines, de marcottes difficiles. Terre ordinaire, un
peu sèche.

XÉRANTHÈME ANNUEL (*xeranthemum annuum*).
Indigène. Tige de 18 pouces ; feuilles linéaires ;
fleurs blanches ou purpurines, simples ou doubles,
conservant longtemps leur éclat. Mult. par semis,
au printemps ou à l'automne ; repiquage en terre
légère, à exposition chaude.

XYMÉNÉSIE A FEUILLES D'ENCÉLIE (*ximenesia enceliotdes*). Du Mexique. Annuelle. Tiges de 3
pieds 1/2, touffues ; feuilles ovales ; pétiole ailé ; fleurs
jaunes, de juin en novembre. Mult. par semis sur
couche. Terre franche, légère, à exposition chaude.

YUCCA NAIN (*yucca gloriosa*). De l'Amérique
du Nord. Tige de 2 à 3 pieds ; feuilles lancéolées,
piquantes ; fleurs blanches très-nombreuses (150 à
200), en panicule terminale, en août. Var. *à
feuilles glauques*. Mult. de boutures dont on a
fait sécher la plaie, ou d'œilletons enracinés ; terre
médiocre, sablonneuse et sèche, sans engrais. Couverture l'hiver. — YUCCA FILAMENTEUX (*y. filamen-*

tosa). De Virginie. Sans tige; feuilles garnies de filaments; hampe de 6 à 7 pieds; en septembre et octobre, panicule de fleurs blanches. Var. *à feuilles panachées*. Même culture.

ZANTHORIZE A FEUILLES DE PERSIL (*zanthoriza apiifolia*). De l'Amérique du Nord; arbuste de 2 à 3 pieds; feuilles deux fois ailées; panicules de fleurs d'un brun violâtre, en mars et avril. Mult. par semis au printemps, ou d'éclats et de rejetons. Terre ordinaire; toute exposition.

ZINNIA MULTIFLORE OU BRÉSINE (*zinnia multiflora*). De la Louisiane. Annuelle. Tige de 18 pouces; feuilles ovales; fleurs solitaires, à rayons rouges et disque jaune, de juillet en octobre. Var. *à rayons jaunes*. Mult. de graines au printemps; terre légère et franche, à exposition chaude. Les espèces suivantes se cultivent de même : — ZINNIA ÉLÉGANTE (*z. elegans*). Fleurs rouge pâle à disque rouge foncé, de juillet en novembre. — ZINNIA ROULÉE (*z. revoluta*). Fleurs rouges, à rayons roulés, à la même époque. — ZINNIA A FLEURS RARES (*z. pauciflora*). Fleurs jaunes, de juin en octobre. On cultive de même l'espèce —*verticillata*, à fleurs rouges.

ZOÉGÉE D'ORIENT (*zoegea leptaurea*). Annuelle. Tige de 2 pieds, rameuse; feuilles supérieures entières, les autres ailées; fleurs jaunes, à involucre campanulé, paraissant en juillet. Semis sur couche au printemps. Terre légère et substantielle; exposition chaude.

FIN.